中国石油

千万图书送基层
百万员工品书香

中

U0310800

团公司

年八月

学习在石油·每日悦读十分钟

读书成就员工和企业未来

员工在学习中进步 企业在学习中发展

创建学习型组织 培育知识型员工

全员读书 重在坚持

您若对图书有意见和建议请联系我们:
电话: (010)64523576 64523575
网址: www.petropub.com.cn

油品销售员工岗位知识读本

油品计量工

本书编委会　编

石油工业出版社

内 容 提 要

　　本书图文并茂地介绍了油品计量工的岗位职责和工作内容、基本操作技能，实用性和可操作性强，同时配以安全管理和应急预案。

　　本书适合油品计量人员及高等院校相关师生参考使用。

图书在版编目（CIP）数据

油品计量工/本书编委会编.

北京：石油工业出版社，2010. 11

（油品销售员工岗位知识读本）

ISBN 978 – 7 – 5021 – 7991 – 5

Ⅰ. 油…

Ⅱ. 本…

Ⅲ. 石油产品 – 计量 – 基本知识

Ⅳ. TE626

中国版本图书馆 CIP 数据核字（2010）第 167695 号

出版发行：石油工业出版社

　　　　　（北京安定门外安华里 2 区 1 号　100011）

　　　　　网　址：www. petropub. com. cn

　　　　　编辑部：（010）64523736

　　　　　发行部：（010）64523620

经　　销：全国新华书店

印　　刷：石油工业出版社印刷厂

2010 年 11 月第 1 版　2010 年 11 月第 1 次印刷

787×1092 毫米　开本：1/32　印张：4. 625

字数：99 千字

定价：20. 00 元

（如出现印装质量问题，我社发行部负责调换）

《油品销售员工岗位知识
读本·油品计量工》
编委会

序言一

"三分战略，七分执行。"执行力从哪里来？我想，明白做什么是前提，知道怎么做是基础，想方设法做到位是关键。从这个意义上来说，学习无疑是提高执行力的重要途径。尤其是在销售业务推行"顶层设计"的管理框架之内，学习和培训就显得更为重要。通过系统学习，让广大员工知道工作的标准、程序、规范、目标、要求，掌握做好工作的技能和技巧，提高正确履行职责的能力，是精细化管理的要求，也是建设国际水准销售企业的基本保障。

销售系统有 20 余万名员工，这是一个巨大的人才资源宝库，是销售企业综合实力的具体体现，也是销售业务可持续发展的潜力所在。这个宝库怎么挖掘，队伍优势怎么发挥，人才作用怎么体现？是需要各级领导干部认真研究和思考的。我想，可以从两个方面去考虑：一是抓学习培训。引导干部员工爱学习，善于学习，学文化、学知识、学技能，个人缺什么学什么，自我发展需要什么就学什么。力争学得深一点、专一点、精一点，在学习中掌握，在实践中锻炼，在熟练中提高，在历练中成熟。这是员工成长的基本要求，也是队伍建设的基本要求。二是用好人。努力为员工成才提供公平的机会，为员工发展提供必要的平台，促进人岗相适、用当其时、人尽其才，使员工创业有机会、干事有舞台、发展有空间，这样，才能真正提高忠诚度、凝聚力、执行力和创造力，才能保证我们的事业蓬勃向上，永葆活力。

必须认识到，伟大事业需要优秀人才，优秀人才推动伟大事业。销售系统20余万员工，不论何种身份、何等资历，也不论合同化员工还是市场化员工，只要奋发向上、积极工作、努力奉献，都是企业最重要的资源。要坚定不移地走人才强企之路，以更加解放的思想、更加开放的心态、更加务实的作风，持续抓好队伍建设，为建设国际水准销售企业提供强有力的人才保障！

序言二

古人曾说，三日不读书，便觉语言无味，面目可憎。可见做人必须从读书开始，有好书不可不读。读书的功用是多方面的。读文史、哲理类书籍，可以从书中感悟作者深邃的思想，获得人生的共鸣和启迪，拓展视野，增广知识。读专业技术类书籍，可以掌握工作的基本原理、方法、技巧、要求，提高工作的效率、效能和水平，实现新的突破和发展。开卷有益，就是这个道理。

石油人有读书的好传统。大庆时期的全员读"两论"，就树立了通过学习促进工作的典范。在新的历史时期，为了把这种好的传统继承下来，发扬光大，2009年我们启动了"千万图书送基层、百万员工品书香"活动，一大批内容丰富的图书陆续送到基层单位，深受一线员工喜爱。为了进一步引导广大员工爱读书、读好书、善读书，2010年又开展"学习在石油·每日悦读十分钟"全员读书活动。这些活动的目的主要是，培养员工崇尚读书、自觉读书的良好习惯，帮助员工建立起人生基本知识体系和职业生涯基本专业知识体系，坚定理想信念，提升文化修养，提高技术能力水平，进一步加强员工队伍建设，不断夯实建设综合性国际能源公司的基础。

销售系统结合工作实际，编写的这套知识读本，岗位职责一清二楚，安全预案井井有条，操作要求图解清晰，内容简洁易懂，携带查阅方便。既是员工培训的教材，又是岗位操作指导书。希望随着"千万图书送基层、百万员工品书香"活动进入一线员工手中后，会为建设学习型企业和知识型员工，提升企业软实力，发挥积极的作用。

"书山有路勤为径，学海无涯苦作舟。"希望我们的员工在学习中进步，我们的企业在学习中发展。

目　　录

第一章 岗位职责及工作内容

第一节 油品计量工

油品计量的主要任务是保证量值准确可靠，要及时、准确地确定收入、发出、储存及运输油品的数量，并据此计算出损耗量或空容量等，以及对油品计量的方法、手段、准确度和损耗等进行研究和探究。

油品计量的目的是为了准确确定油品的数量，以便在准确的基础上进行计划生产、分配，对内、对外贸易，及进行经济核算和生产经营过程中的监控。

油品计量人员的基本任务是：

（1）收油的时候，检查车体的状况，核对车型、车号（船号）、油品名称，及时、准确地计量油品的数量和损耗量，如果超耗或溢余，则按规定准备必要的文件和资料。

（2）发油的时候，如果为客户自提，应准确计量发货量；如果为代运，则除了准确计量发货量以外，还应该认真填写交运单，做出记录，必要时应该加封。

发油计量时应该对罐车做出完整的记录，对油轮（驳）要检尺并做出记录，必要时应会同有关部门对车（船）加铅封并填写交运通知单。

（3）储油罐计量，在往油罐输转油品的作业前后应该及时进行计量，非输转油罐每三天应计量一次，每次计量都要做好记录，及时准确地提供油罐存油变化动态。

（4）容器收油作业时，要对进油情况进行监视和监测，防止溢油。

油库都配备一定数量的计量员。油库的任务和规模差异很大，计量员的数量和职责也随之有所不同。一般来说，油库大任务重的，其职工分工细，计量员只负责计量和数量有关的问题；油库小任务轻的，计量员不仅要负责计量、计算、财务，还可兼司泵、保管等工作任务。负责油品计量工作任务的计量员的职责是：

（1）及时准确地测收、发、储油容器内的油高、水高、油品温度、油品密度，填报测量结果，做到书写清楚，计算正确。

（2）负责油轮和罐车内油品的计量，收货时负责验舱，发货时提交油品品名、规格、车船号、铅封数及装运数量，以便办理交接。

（3）在收、发、存各个环节发上超耗时，应及时向领导汇报；未经领导同意不能进行收发作业，以便保留现场，安排复查。

（4）负责收油油罐的中间测量，并且对输油情况进行监视。

（5）保管好测量的工具，并按期送检，确保使用中的计量器具均在有效期以内。

第二节　油品装卸工

油品装卸是油库最主要的业务作业之一。

由此，油品装卸工在工作过程中，应认真履行如下职责：

（1）熟悉油库工艺的工作流程和泵房设备的构造、性能，严格遵守设备的操作流程，预防事故的发生。

（2）负责油料收发、装卸、倒装、转罐和加油、退油作业的司泵工，应该及时、准确、安全地完成油料的抽注任务。负责泵房固定设备和内燃机泵的维护、保养工作。

除此之外，还要注意以下几点：

（1）认真执行油库的规章制度，经常保持泵房、工作间的清洁，确保油库的安全。

（2）负责泵房固定设备和内燃机泵的维护、保养工作，使其经常处于良好状态。

（3）积极参加技术革新工作。

（4）认真地填写作业记录，搞好资料积累工作。

第三节　铁路罐车计量工

铁路罐车是一种可移动的特殊的计量器具。特别是在装卸货物时，罐车仍然停留在铁路的路轨上，因此对从事作业的计量员有些特殊的要求，其工作职责和内容主要分为以下四个阶段。

一、计划阶段

从管理计划开始，到提出检尺计量任务为止。整个阶段由管理人员完成。

二、准备阶段

从计量员接受检尺计量任务开始，到实际测试操作前为止。主要的工作有"七确认"，即：

确认罐体型号和容量表号正确与否；

确认罐内液体的种类和质量好坏；

确认油品装入罐车的准装高度；

确认环境是否良好，罐体是否正常；

确认安全防护设备性能是否良好，安装是否正确；

确认劳动保护用品作用是否良好，穿戴是否齐全；

确认计量器具及记录用品状态是否良好，配备是否齐全。

三、测试阶段

测液高、测液温、取样、测视温和视密度。

四、处理阶段

包括数据审核、软件计算和计量单的核发等。

第四节　油库消防工

一、消防队（班）长职责

（1）经常开展群众性的消防安全教育和训练。

（2）努力学习，不断提高政治思想素质和专业技术水平。

（3）积极组织全队（班）人员学习和训练，熟悉油库各区域情况和重点部位的火灾扑救预案，做好扑救准备，不断提高全队（班）人员灭火技术水平。

（4）积极参与制订和完善安全作业方案、消防预案，并组织队员认真学习和演练。

（5）灭火战斗中，在上一级指挥员领导下，负责本队（班）的救人、疏物、灭火等工作；明确分配本队（班）人员任务，组织好各战斗员间的配合；确定铺设水带线路和水枪、分水器及消防材等器材的设置地点。

（6）确保消防信号可靠、消防道路畅通，消防水源充足；及时组织对全库消防设备、器材的检查维护，使之经常处于良好技术状态。

（7）认真安排消防值班和库区巡查；一旦发现

问题，及时处理，及时报告。

二、消防战斗员职责

（1）听到出动讯号后迅速着装，按规定位置登车奔赴现场，在班长领导下，积极主动完成灭火战斗任务。

（2）认真学习和训练，做好各项执勤工作，明确自己的分工和任务。

（3）维护保养好个人的装备和分管的器材工具，使之处于完好状态。

（4）在使用水枪、泡沫枪和干粉枪时，应利用掩蔽物体，尽量接近火源，充分发挥手中器材的作用，禁止盲目射水，避免水源损失。

（5）灭火中应正确使用和维护消防器材工具，注意安全。

（6）灭火战斗中坚决执行队（班）长的命令，坚守岗位，当发生情况突变，来不及请示时，可以改变行动，随后向队（班）长报告。

三、消防车驾驶员职责

（1）参加消防值班，严守岗位，当接到出动信号，迅速出动消防车，应在 5min 内到达火灾扑救现场，遵守交通规则，保证行车安全。

（2）出车归队后应及时对消防车进行维护保养，发现故障及时排除，恢复备用状态。

（3）不使用消防车做与消防无关的任何运输，注意节约油料和器材。

（4）熟悉库内消防道、消防水源和重点部位的相关情况。

（5）维护保养好消防车辆及其附设消防设备器材，保证油、水、电、气充足，车辆处于完好状态。

（6）到达火灾现场，按规定位置停放，坚守岗位，勇敢扑救。

（7）灭火战斗中，当火场发生突变危机车辆安全，又来不及请示时，可以将车行驶到安全地点，随后立即向上级报告；保证机械正常运转，及时向火场供水和泡沫混合液、干粉或其他灭火剂。

四、火警通讯员职责

（1）熟悉通讯专用术语和有关部门的电话号码，掌握库区重点部位的相关情况。

（2）熟悉操作和维护通讯设备，发生故障及时修复，确保通信联络畅通。

（3）迅速、准确地受理火警，发动出动信号，填写《出车证》交执勤消防队长，报告火灾事故地点，并乘指挥车或首车出动。

（4）紧随火场指挥员，时刻听候命令，及时准确地传达指挥员的各项命令。

（5）保持通讯员之间与调度中心的联系，以及火场指挥员与各班、前方与后方的通信联络工作。

（6）遇有特殊情况时，积极协助灭火人员扑救火灾。

第五节　油库电工

油库电工是油库的重要岗位之一，属于技术工种，其主要职责及工作内容如下：

（1）负责供配电设备的管理，做好自发电及配电工作。

（2）负责电气设备的维护保养，定期检查保护接地、静电接地、防雷接地等的完好，并测定接地电阻值。

（3）负责与供电部门的业务联系。进行安全用电的宣传和管理，做好节约用电工作。

（4）负责电工工具材料、防护用品和零配件的保管，做到无丢失损坏。

（5）严格遵守规章制度和操作规程，认真填写运行和检修记录。

（6）保持发电间、变配电间内外的整洁。

（7）对油库内的电气设备进行检查、维护和简单修理。

油库电工实行岗前培训，合格者发证，持证上岗制度。通过培训必须达到油库初级电工业务技术标准，才可以取得电工资格证书。

第六节　油库机修工

油库设备品种多，数量大，故障率较高，欲保证油库各项业务作业及时顺利地完成，欲确保油库的安全，油库机修工责任重大，任务繁重，对其思想品德、业务素质、技术水平均有很高的要求。因此，各级企业管理层历来都很重视油库机修工的培训。

油库规模不同，业务性质不同，机修工的工作职责和工作内容也会有所不同。但总体而言，机修工的职责主要有以下几个方面：

（1）负责所管设备、机工具的正确使用和管理，承担油库设备的保养维修和零件加工任务，做好作业记录的填写。

（2）负责所用设备的维护保养和检修，使其保持良好的状态。

（3）遵守劳动纪律和操作规程，防止事故的发生。

（4）开展技术革新，提高工作效率，注意节约能源和原材料。

第二章　基本操作技能

第一节　阀门操作规程

安装好阀门以后，操作人员应该能够熟悉并掌握阀门传动装置的结构与性能，正确地识别阀门方向、开度标志、指示信号。应能够熟练并准确地调节和操作阀门，因为阀门操作的正确与否直接影响其使用的寿命。

一、手动阀门的使用与操作

手动阀门，是一种无论从设备还是从装置上使用都很普遍的阀门，主要是指通过手柄、手轮操作的阀门（图 2 - 1）。它的手柄、手轮的旋转方向为顺时

图 2 - 1　手动阀门（图片来自 china. toocle. com）

针，表示阀门的关闭方向；而逆时针则表示阀门开启的方向。值得注意的是，有个别的阀门的方向与上述开闭相反，所以，操作人员在进行操作前应注意检查开闭的标志。

手柄、手轮的大小一般是按照正常人力设计的，因此，在阀门使用上规定，不允许操作人员借助杠杆和长扳手开启或者关闭阀门。手柄、手轮的直径（长度）小于 320mm 的，只能允许一个人员操作；直径等于或者大于 320mm 的，则允许两人共同操作，或者允许一人借助适当的杠杆（长度通常情况下小于或等于 0.5m）操作，通常情况下该杠杆的长度小于或等于 0.5m。但是隔膜阀和非金属阀门时严禁使用杠杆或者长扳手操作的，也不允许用过大过猛的力关闭阀门，如图 2-2 所示。

图 2-2　阀门操作工（图片来自 www.104105.com）

闸阀和截止阀在关闭或者开启至下死点或上死点要回转 1/4～1/2 圈，使螺纹更好地密合，有利于操作人员在操作时进行检查，以免拧得过紧，损坏阀件。

需要注意的是，使用杠杆和长扳手操作阀门，会造成阀门过早损坏，甚至酿成事故。过大过猛地操作阀门，还容易损坏手柄和手轮，擦伤阀杆和密封面，甚至压坏密封面。手柄和手轮损坏或者丢失后，应该及时地配齐，绝对不允许用活扳手代用。

较大口径的蝶阀、闸阀和截止阀，有的设有旁通阀，它的作用是平衡进出口压差，减少开启力。因此，开启的时候，应该先打开旁通阀，待阀门两边压差减少后，再开启大阀门；关阀时，首先关闭旁通阀，然后再关闭大阀门。

开启蒸汽阀门前，必须先将管道预热，排除凝结水，开启的时候，动作要慢，以免产生水击损坏阀门和设备。另外，开闭球阀、蝶阀、旋塞阀时当阀杆顶面的沟槽与管道平行时，表明阀门在全开启位置；当阀杆向左或向右旋转 90°时，沟槽与通道垂直，表明阀门在全关闭位置。有的球阀、旋塞阀以扳手与管道平行为开启，垂直为关闭。带扳手的蝶阀、扳手与管道平行，表明阀门开启，扳手与管道垂直，表明阀门关闭。三通、四通阀门的操作应按开启、关闭、换向的标记进行。操作完毕后，应该取下活动手柄。

不能把闸阀、截止阀等阀门作节流用，这样容易冲蚀密封面，使阀门早坏。不提倡用闸阀、截止阀作为节流阀使用。如果当作节流阀使用，就不能再作为切断阀使用。

对有标尺的闸阀和节流阀，应该检查调试好全开启、全关闭的指示位置。明杆闸阀、截止阀也应记住它们全开和全关位置，这样可以避免全开时顶撞死点。阀门全关时，可以借助标尺和记号及时发现关闭件脱落或顶住异物，便于排除故障。

新安装的管路和设备内部污物比较多，常开阀门密封面上也容易粘有污物，应采用微开方法，让高速介质冲走这些异物，再轻轻关闭。阀门经过几次微开、微闭，便可以冲刷干净。

有的阀门关闭以后，因温度下降，阀件收缩，使密封面贴合不紧密，出现细小缝隙而泄漏，在这样的情形下，应该在关闭以后，到适当的时间再关闭一次阀门。

二、他动阀门的使用与操作

他动阀门不是靠手动，而是靠电动（图 2-3）、电磁动、气（液）动等能源来开闭的阀门。他动阀门油库使用不多，但是，随着自动化水平的提高，油库他动阀门的用量必将增加。油品计量工作人员应该

图 2-3　电动阀门（图片来自 china. mmimm. com）

对他动阀门的结构原理、操作规程有一个全面的了解，并且具有独立操作和处理事故的能力。

1. 电动阀门的使用与操作

（1）电动装置启动时，应按电气盘上的启动按钮，电动机随即开动，到一定时间后阀门开启，电动机自动停止运转，在电气盘上的"已开启"信号灯亮；如果阀门关闭时，应按电气盘上的关闭按钮，阀门向关闭方向运转，到阀门全关，"已关闭"信号灯亮。

（2）阀门运转中，正在开启、正在关闭、处于中间状态的信号灯应相应指示。阀门指示信号与实际动作相符，并能关得严、打得开，说明电动装置正常。

（3）如果阀门运转中、全开、全关时，信号灯不亮，而事故信号灯亮，说明传动装置不正常，应该检查原因，进行修理，重新调试。

（4）电动装置有故障、关闭不严，需要处理时，应将动作把柄拨至手动位置，顺时针方向转动手轮为关闭阀门，逆时针方向为开启阀门。

（5）电动装置在运转中不能按反向按钮，如果由于误动作需要纠正时，应该先按停止按钮，然后再启动。

2. 电磁动阀门的使用与操作

按启动按钮，阀门开启。切断电源，阀瓣借助流体自身压力或加上弹簧压力，使阀门关闭。

3. 气（液）动阀门的使用与操作

（1）气（液）动阀门在汽缸体上方和下方各有一个气（液）管，管闭阀门时，应打开上方管道的控制阀让压缩空气（或带压液体）进入缸体上部，使活塞向下运动，带动阀杆关闭阀门。反之，关闭气缸上部管道上的进气（液）阀，打开它的回路阀，使介质回流，同时打开汽缸下部管道控制阀，使压缩空气（或带压液体）进入缸体下部，使活塞向上运动，带动阀杆打开阀门。

（2）气动阀门有常开式和常闭式两种形式。常开式是活塞上部有气管，下部是弹簧，需要关闭时，打开气管控制阀，使压缩空气进入汽缸上部，压缩弹簧，关闭阀门；当要开启的时候，打开回路阀，气体排出，弹簧复位，使阀门开启。常闭式阀门与常开式阀门相反，弹簧在活塞上部，气管在汽缸下部，打开控制阀后，压缩空气进入汽缸，打开阀门。

（3）气（液）动装置运转是否正常，可以从阀杆上下位置，反馈在控制盘上的信号反映出。如果关闭不严，可调整汽缸底部的调节螺母，将调节螺母调下一点，即可消除。

（4）如果气（液）动装置出现故障，需要及时开启或关闭时，应采用手动操作。有一种气动装置，在气缸上部有一个圆环耳与阀杆连接，阀门气动不能动作时，需要用一杠杆套在圆环中，抬起圆环为开启，压缩圆环为关闭。这种手动机构很吃力，只能解决暂时困难。现有一种气动带手动闸门，阀门在正常情况下，手动机构上手柄处于气动位置。当气源发生故障或者气流中断后，首先切断气源通路，并打开气缸回路上回路阀，并将手动机构上手柄从气动位置扳至手动位置，这时开合螺母与传动丝杆吻合，转动手轮即可开启或关闭阀门。

三、自动阀门的使用与操作

自动阀门的操作不多，主要是操作人员在启用时调整与运行中的检查（图2-4）。

XL

图 2-4　石油行业专用自动阀门

（图片来自 www. machinetn. com）

1. 安全阀的使用与操作

（1）安全阀在安装前就经过了试压、定压，为了安全起见，有的安全阀需要现场校验。

（2）安全阀运行时间较长时，操作人员应注意检查。检查时，人应避开安全阀出口处，检查安全阀的铅封；间隔一段时间应将安全阀开启一次，用手扳起有扳手的安全阀，以排泄污物，并校验安全阀的灵活性。

2. 疏水阀的使用与操作

（1）疏水阀是容易被水中污物堵塞的阀门。启用时，首先打开冲洗阀，冲洗管道。

（2）有旁通管的，可以打开旁通阀门作短暂冲洗。没有冲洗管和旁通的疏水阀，可以拆下疏水阀，打开切断阀门冲洗后，再关好切断阀，安装好疏水阀，然后再打开切断阀，启用疏水阀。

（3）并联疏水阀，如果排放凝结水不影响正常工作，可以采用轮流冲洗的方法。轮流使用的操作方法是：先关闭疏水阀前后的切断阀，然后，再打开另一疏水阀前后的切断阀。也可以打开检查阀，检查疏水阀的工作情况，如果蒸汽冲出太多，说明工作不正常，如果只有排水，说明工作正常。再打开刚才关闭的疏水阀的检查阀，排出存下的凝结水，如果凝结水不断流出，表明检查管前后的阀门泄漏，需要找出是哪一个阀门泄漏。

（4）不回收凝结水的疏水阀，打开阀门前的切断阀便可使疏水阀工作，工作正常与否，可以从疏水阀出口处检查到。

3. 减压阀的使用与操作

（1）减压阀启用前，应该打开旁通阀或者冲洗阀，清扫管道污物，管道冲洗干净后，关闭旁通阀或者冲洗阀，然后启用减压阀。

（2）有的蒸汽减压阀前有疏水阀，需要先开启，再微开减压阀后的切断阀，最后把减压阀前的切断阀打开，观看减压阀前后的压力表，调整减压阀调节螺钉，使阀后压力达到预定值，随即慢慢地开启减压阀后的切断阀，校正阀门出口压力，知道满意为止。固定好调节螺钉，盖好防护帽。

（3）如果减压阀出现故障或要修理时，应该先慢慢地打开旁通阀，同时关闭阀门前切断阀，手工大致调节旁通阀，使减压阀出口压力基本上稳定在预定值上下，再关闭减压阀后的切断阀，更换或者修理减压阀。待减压阀更换或者修理好以后，再恢复正常。

第二节　油品装卸操作规程

油品装卸油操作规程因油库而异，通常情况下，油库主要有公路装卸油操作规程、油船装卸油操作规程、铁路装卸油操作规程。

一、公路装卸油操作规程

公路运输是采用汽车油罐车运输石油及其产品的方式。公路运输周转快、机动灵活，特别适用于短线、小批量产品的石油运输。

1. 公路装卸设施

油品公路运输的装卸设施主要有装卸油台和鹤管。

汽车罐车装卸油台是为操作工人登上罐车启闭人孔开关、检尺、取样和操作鹤管而设置的。从安全角度要求，装卸油台要设置遮阳防雨棚，要采取防火、防爆、防静电措施，建筑物间距要符合规定，鹤管、油罐车均应做防静电接地等。

鹤管是汽车油罐车（图2-5）卸油品的主要设备，它的一端与跟地面油罐相连的集油管固定连接，另一端与罐车活动连接或直接由罐顶人孔插入罐

图2-5 汽车油罐车（图片来自 www.e9898.com）

车内。鹤管的特点是灵活可调，可手动操作或气动操作。通过鹤管可实现固定油罐与油罐车的连接。

2. 公路装卸油操作规程

1）装车

汽车油罐车装有主要有泵送和自流两种方式，其中泵送占主导地位。

泵送是将储罐中油品用泵抽出，经过输油管道、流量计、装车鹤管进入汽车罐车。

自流是将油罐置于一定高度位置，利用位能实现自流作业。自流发油又可以分为利用自然地形高差进行自流发油作业和人工设立高架罐，用泵将油品先注入高架罐，然后再发油的形式。

汽车油罐车装油主要采用上装方式。

2）卸车

汽车油罐车卸车也有泵送和自流两种方式。泵送是用泵将罐车中油品送至用户储罐。自流是罐车中油品自流至用户低位储罐。

二、油船装卸油操作规程

从广义上讲，油船是指散装运输各种油类的船。除了运输石油外，装运石油的成品油、各种动植物油、液态的天然气和石油气的船也叫油船。但是，通常所说的油船多数是指运输原油的船（图 2-6）。

1. 油船卸油的操作规程

1）准备阶段

（1）下达作业任务。接到上级的每月收油计划后，业务部门拟定收油方案，经库领导的批准后，通告油罐的部门，做好收油的准备工作。

接到油船来油通知后，库领导召集有关部门人员，研究确定作业方案，明确交代任务，严密组织分工，提出注意事项，指定现场指挥员（一次接收油

图 2-6 油船靠泊时的情景
（图片来自 www.cnzjmsa.gov.cn）

料 400t 以上库领导必须到达收发现场）。业务处根据确定的作业方案，填写《油料输转收发作业通知单（作业证）》，由库领导签发后，送交现场指挥员组织实施作业，作业全过程实行现场指挥员负责制。

（2）检查、化验。运输管理员协助油船做好停靠码头工作，上船索取证件，检查铅封，核对化验单、货运号、船号；化验工按照《油料技术工作规则》要求，逐舱检查油料外观和底部水分杂质情况，取样进行接收化验。以上检查、化验结果应当在规定时间内报告现场指挥员。如果发现铅封破坏、油料被盗以及油料质量问题，油库应当查明原因，及时处理和上报。

（3）作业动员。

（4）作业前准备和检查。作业前应会同船方商定好卸油方案和时间；连接好码头至油船的软管，留足长度，在通过船舷处搭好跳板或用绳索吊起；接好静电跨接线。

2）实施阶段

收油实施阶段按照下列程序和要求进行。

（1）开泵输油。准备就绪经检查无误后，现场指挥员下达卸油命令。司泵工启动油泵，灌区保管工打开接收油罐的罐前阀门，先将放空罐内同品种、同牌号油料泵送到接收油罐内，然后油库与船方同时发出作业信号（由双方规定），油船开泵输油；灌区保管工应当及时观察并报告油料进罐起始时间；由现场值班员进行核对，了解中途是否发生跑油或者故障。

（2）输油中检查及情况处理：

①指定专人负责设备运转、阀门启闭、巡查输油管线等，发现问题立即报告，及时处理；

②作业人员应当坚守岗位，加强联系，与油船密切协同，油库油泵与油船油泵串联工作时，司泵工应当不断观察油泵压力、真空表指示和运转情况，做到同油船油泵协调一致；

③罐区保管工应当注意观察接收油罐内液面上升情况，在装至安全高度时，做好换罐工作，先开空罐阀门，后关满罐阀门，以防溢油；

④输油作业中遇有大风、大浪和雷雨天气时，油库应当与船方商定停止作业；

⑤连续作业的时候，现场指挥员应当组织好各岗位交接班，一般不得中途暂停作业，特殊情况中途停止作业时，必须关闭接收油罐和泵的进出阀门，断开电源开关，盖好罐盖。没有胀油管的输油管线，应将输油管线内的油向放空罐放出一部分，防止因油温升高胀裂管线；

⑥因故中途暂时停泵时，必须关闭有关阀门，防止因位差或虹吸作用造成跑油；

⑦现场指挥员应当随时了解情况，严密组织指挥，督促检查，严防跑、冒、混、漏油料和其他事故发生，现场指挥员因事临时离开岗位时，由现场值班员临时代替指挥作业。

（3）停输及放空管线。当油船最后一舱油料卸完时，船方发出停止作业信号；立即停泵。现场指挥员随即通知罐区保管工关闭接收油罐的罐前阀门，油船舱底油料应当采取各种措施抽干净。

按照吸入管线、输油管线、泵房管组的顺序，依次进行放空。放空时，现场指挥员通知罐区保管工打开输油管线放空阀。司泵工应当密切注意放空罐的油面上升情况，防止溢油。放空完毕后，由现场指挥员通知各岗位作业人员关闭所有阀门并上锁。

3）收尾阶段

收油收尾阶段按照下列程序和要求进行：

（1）待到规定的静置时间后，计量工测量接收油罐、放空罐油高、水高、油温、密度，核算收油数量。

（2）作业人员填写本岗位各种作业记录和设备运行记录。现场值班员填写《油料输转收发作业通知单（作业证）》，经现场指挥员和签字后，交业务部门留存。

（3）各岗位作业人员负责清理本岗位作业现场，整理归放工具，撤收消防器材，擦拭保养各种设备，清扫现场，切断电源，关闭门窗。

（4）运输管理员通知调走空油船。

（5）现场指挥员进行作业讲评，并向库领导报告作业完成情况。

2. 油船装油的操作规程

1）准备阶段

装油准备阶段按照下列要求进行：

（1）下达作业任务。接到上级下达的每月发油计划后，业务部门拟定发油方案，经库领导批准后，通报有关部门，做好发油准备工作。

接到油船靠码头通知后，参照油船卸油作业准备阶段中的"下达任务"的程序，确定现场指挥员，办理《油料输转收发作业通知单（作业证）》。

（2）接船。运输管理员协助油船靠好码头，对准泊位。油库派专人上船了解油船性能和设备是否符合所运油料防爆等级要求，不符合要求时，油库应当及时上报，并拒绝装油。化验工按油船洗刷标准及验收方法，对油舱进行检查，不合格者，应立即请船方洗舱。油船同时装运两种以上不同油料时，油库应当督促船方对隔舱进行认真检查，防止串油。

（3）作业动员（同卸油操作规程）。

（4）作业前的准备和检查。作业前的准备和检查工作与卸油作业基本相同，应注意的是还应测量发油罐、放空罐的存油数量和质量，并及时排除罐内的水分和杂质。

2）实施阶段和收尾阶段

装油实施和收尾阶段按照下列程序和要求进行。

（1）装油。准备就绪经检查无误后，油库与油船同时发出作业信号。司泵工启动油泵，先将放空罐内同品种、同牌号油料泵送到油船内。罐区保管工打开发油罐罐前阀门，自流给油船发油。如果需要使用油泵，司泵工按照操作规程启动油泵。码头保管员会同船方人员及时观察并报告油到油船的起始时间，由现场值班员进行核对，了解中途是否发生跑油或故障。

（2）装油中的检查和情况处理：

①作业人员应当坚守岗位，加强联系，现场指挥

员应当随时了解各岗位的情况，严密组织指挥，督促检查，遇有不正常情况的时候，应该立即停止装油，仔细检查找出原因，正确处理后方可继续装油。

②罐区。保管工应当注意观察发油罐液面下降情况，当发油罐内的油料接近发完时，应当及时开启下一个油罐阀门，关闭空罐阀门。

③其他检查及情况处理与卸油操作规程相同。

（3）停发及放空管线。当最后一舱装满时，船方发出停止作业信号。如泵送发油，司泵工立即停泵。现场指挥员随即通知灌区保管工关闭发油罐的罐前阀门，放空管线。

（4）办理发油证件。

①化验工逐舱检查油料外观和底部水分杂质情况，按规定采取油样留存备查，并随油按要求出具化验单。

②计量工测量发油罐、放空罐的油高、油温，填写《量油原始记录》，计算核对发油数量。

③码头作业人员撤收码头至油船的软管，密封管口，放回原处，协助运输管理员铅封油舱。

④现场指挥员核对运输、统计、化验和保管 4 个方面报告的完成情况，发现问题及时地处理。

⑤运输管理员将业务部门开出的发放凭证、化验室出具的化验单，送交船方随船带走。

⑥其他收尾工作与卸油操作规程同。

三、铁路装卸油操作规程

1. 铁路装卸设施

铁路装卸设施根据油品性质不同，可以分为轻油装卸设施和黏油装卸设施。

1）轻油装卸设施

轻油装卸设施是由输油设备、真空设备、放空设备三部分组成。

2）黏油装卸设施

黏油多采用上装下卸，选用吸入能力较强的齿轮泵或螺杆泵，因此不需要设置真空设备。为了满足油品加热的需求，一般都有相应的加热设施。寒冷地区则采用装卸油罐车进暖房方式，暖房内设有供热或加热设施，当罐车到库后可将它推至暖房加热后再卸油。

2. 铁路装卸油操作规程

1）装车

装车系统由油泵、装车总管、支管和装油鹤管组成。目前均采用装油鹤管从人孔放入罐车的上装方式装车。装油操作可分为敞口浸没式和密闭浸没式装车。密闭浸没式装车可进行油气回收，结果不仅使装油损耗降至最低，而且还可以改善工作环境，基本消除对大气的污染，消除安全隐患，汽油、石脑油等轻质油品采用这种装车方式。

2）轻油卸车

由于轻油的渗透能力很强，极易渗漏，所以不设下卸口，而采用上装上卸方式。轻油上卸系统主要由卸车鹤管、集油管、真空泵、真空罐、卸油泵等组成。

卸油的时候，江鹤管插入罐车，启动真空泵抽取管线内空气，将油品吸上鹤管，流入集油管、卸油泵后，开启卸油泵就可以将罐车内油品输送至储油罐，完成卸车作业。

卸油过程中，当卸油鹤管最高点处的压力低于或等于操作温度下油品的饱和蒸汽压时，油品就会迅速汽化，出现断流，即所谓气阻断流。气阻问题在夏季气温较高地区会经常发生，给轻质油品的上卸作业带来困难。气阻可以采用降温、降低流速、正压操作、使用浸入泵等措施来加以克服。

近年来，许多小型油库成功地采用滑片泵直接抽吸完成上卸作业，从而取代真空泵—离心泵卸油系统。

3）黏油卸车

黏油罐车设有下卸接口，黏油卸车采用密闭自流下卸工艺。下卸系统主要由卸油臂、集油管、粗过滤器、导油管、零位罐和转油泵组成。从零位罐向输油罐输转用的转油泵，现在大多采用电机设于零位罐罐顶的立式潜油泵。

第三节 静态计量常用计量器具的操作规程

一、测深钢卷尺

测深钢卷尺又称量油尺、石油尺，是一种能测量液体深度或空间高度的组合型计量专用器具，如图2－7所示。测深钢卷尺有一条具有一定弹性的整条钢带，弹性钢带卷于金属（或塑料）材料制成的框架内，便于携带和使用。测深钢卷尺的尺端带有铜制的尺砣，它与尺带可以是固定连接，也可以是挂钩式连接。框架与尺砣的编号应一致，尺砣按其测量油品的要求分为 0.7kg 和 1.6kg 两种。测深钢卷尺的标称长度：对于 10m 以下的钢卷尺取 0.5 的整数倍，对于10m 以上的钢卷尺取 5 的整数倍。

容器内石油液面以及水位高度的计量，最小计量单位为毫米（mm）。测量罐内液体深度（液面高度）的目的，在于取得罐内油品在计量温度下的体积，即 V_t。

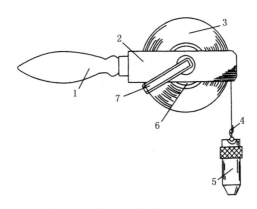

图2-7　钢卷尺

1—尺柄；2—尺架；3—尺带；4—挂钩；

5—尺砣；6—轮轱；7—摇柄

在长度计量器具中，测深钢卷尺只是众多计量器具之一，除此之外，与石油计量密切相关的线纹尺还有丁字尺、量水尺、检定油罐（车）用的钢围尺、钢板尺等。散装油品计量用测深钢卷尺属工作用计量器具，检定油罐用钢卷尺属标准计量器具，无论是工作用计量器具还是标准计量器具，它们都属于被国家列入强制检定目录中的计量器具，必须经上一级计量标准检定后才能使用。

1. 测深钢卷尺的基本结构和技术要求

（1）测深钢卷尺由尺带、尺砣、尺架、尺柄、摇柄、挂钩、轮轱组成，这些部件材料除尺带应是含碳量0.8%以下、具有弹性并经过热处理的钢带外，其他部件都应采用撞击不发生火花的材料。

（2）测深钢卷尺的量程分别为5m、10m、15m、20m、30m；尺带一般宽10mm，厚0.2mm±0.05mm；

测量轻油和重油的尺砣重量分别为 700g 和 1600g；其最小分度值为 1mm。

（3）测深钢卷尺尺带拉出和收卷应轻便灵活、无卡阻现象，各功能装置应能有效控制尺带收卷。

（4）存在凹凸不平及扭曲现象的尺面属于缺陷尺面，不能使用。另外，尺带边缘必须平滑，不应有锋口和毛刺，尺带宽度一致，尺钩保持直角。

（5）尺带表面应有防腐层，且牢固、平整、光洁，尺面色泽均匀，无明显气泡、脱皮锈迹、斑点、划痕和皱纹等缺陷。

（6）尺带的一面蚀刻或印有米、分米、厘米和毫米等刻度及其相应的数字，且尺带全部分度线纹必须均匀、清晰并垂直到尺边，不能有重线或漏线。

（7）钢卷尺各连接部位应牢固可靠，拉伸时不易产生变形。

（8）允许误差，包括零值误差和任意两线纹间误差。零值误差是从尺砣的端部到 500mm 线纹处的误差，其允许误差为 ±0.5mm。

（9）检定周期：使用中的钢卷尺的检定周期一般为半年，最长不得超过 1 年。

（10）依据检定规程为：中华人民共和国国家计量检定规程 JJG 4—1999《钢卷尺检定规程》。

2. 测量方法

1）使用测深钢卷尺时的注意事项

（1）量油时应在规定的位置下尺。立式罐、卧式罐、油轮、油驳均在检尺口导尺槽下尺，没有导尺槽或检尺口上没有规定下尺标记的，应在量油口铰链的对面下尺。

（2）尺砣触底后，停留的时间应根据被测油品的轻重来决定。轻油应立即提尺，重油应等尺带周围的凹坑填平后提尺。

（3）提尺时，尺带有刻线的一面不能靠在检尺口边上，防止油迹被擦掉，提尺后应先读小数后读大数。

（4）对于轻油要先量油，后量水；对于重油要先量水，后量油。

2）测量及计算方法

（1）实高测量。

对油品实际液面高度的直接测量叫实高测量。

测量低黏度油品（如汽油、煤油、柴油）时，应使用测轻油钢卷尺；测量高黏度油品（如润滑油）时，应使用测重油钢卷尺。检尺前要了解被测量油罐参照高度和估计好油面的大致高度后再下尺。

检尺前先将油面估计高度的一段尺带面擦净，必要时也可以涂拭油膏。然后一手握住尺柄，另一手握住尺带，慢慢将尺带放入下尺槽或帽口加封处，让尺砣重力引尺下落。当尺砣触及油面时，放慢尺砣的下降速度。在尺砣距罐底 10～20cm 时放慢下降速度，尺砣触底即提尺。提尺时间轻油尺砣触底即提，重油尺砣触底停留 3～5s 再提，然后迅速收尺、读数，读数从小到大。测量至少两次，两次测量结果不超过±1mm，且取数字小的数，超过重测。

（2）空高测量法。

空高测量法是测量油面主计量口上部基准点与液面之间的空间高度。用测深钢卷尺测量检尺前要了解被测量油罐参照高度和估计好油面的大致高度。检尺前将尺带面 0 位至 500mm 处擦拭干净，必要时也可以涂拭油膏。然后一手握住尺柄，另一手握住尺带，将尺带缓慢放入下尺槽或帽口加封处，让尺砣重力引尺下落。在尺砣触及油面时，放慢尺砣下降速度，下尺后尺带进入油面下 200~300mm 时即可在主计量口上部基准点读数，轻油迅速提尺，重油停留 3~5s 再提尺，再读液面浸没高度数。读数应从小到大。测量至少两次，两次测量结果不超过 ±1mm，且取数字小的数，超过重测。

其计算公式为

$$H_Y = H - (H_1 - H_2)$$

式中　H_Y——油面高度；

　　　H——油罐参照高度；

　　　H_1——尺带零点至罐帽口高度读数；

　　　H_2——尺带浸没部分读数。

3. 检定方法

根据中华人民共和国计量检定规程 JJG 4—1999《钢卷尺检定规程》的相关规定，测深钢卷尺的检定方法如下：

1）检定工具

（1）外观及各部分相互作用检定项目主要检定工具为 5m 检定台。

（2）示值误差检定项目的主要检定工具为标准钢卷尺、零位检定器、5m 检定台、分度值为 0.01mm 读数显微镜、重锤。

2）外观检定

测深钢卷尺的外观按检定相关规程及本节技术要求的有关条款进行，检定合格者，方可进行下一项目的检定；不合格经修理调试后仍然不合格者，按不合格计量器具处理，不允许以次充好，把不合格产品应用到计量工作中。

将尺端装有尺钩或拉环的普通钢卷尺平铺在钢卷尺检定台上，加上规定的拉力后，与经检定合格的标准钢卷尺进行比较，使表示零位位置的尺钩（或拉环）与标准钢卷尺的零值线纹对准，在100mm处读出误差值。

3）零值误差的检定方法

测深钢卷尺的零值误差是用零位检定器进行检定。

例：用零位检定器检定105号测深钢卷尺零值误差，被检尺500mm处对准零位检定器，在零位检定器上读数为500.2mm，求该尺零值修正值。

解：　　　　$\Delta.零 = L.标 - L.被$

式中　$\Delta.零$——零值修正值；

　　　$L.标$——零位检定器读数；

　　　$L.被$——被检尺示值。

$$\Delta.零 = 500.20 - 500 = 0.20mm$$

答：105号测深钢卷尺零值修正值为 +0.20mm。

注意：如果测深钢卷尺零值修正值绝对值大于零值允许误差 ±0.5mm，则该尺为不合格计量器具。

4）任意段钢卷尺示值误差的检定方法

在钢卷尺检定台上用经检定合格的 I 级标准钢卷尺与被检尺进行比较测量（钢卷尺检定台面与被检尺的摩擦力应 ≤4N）。

首先用压紧装置将标准钢卷尺和被检钢卷尺紧固在检定台上，分别在标准尺及被检尺的另一端按规定加上拉力。调整检定台上的调零机构，使被检尺的零值线与标准尺的零值线纹对齐（测深钢卷尺是用500mm处线纹与标准钢卷尺零值线纹对齐），按每米逐段连续读取各段和全长误差。全长不足5m的钢卷检定为一段，全长超过5m的钢卷尺，每5m为一段进行评定。

任意两线纹间的示值误差是在逐米进行检定的同时在全长范围内任选 2～3 段进行评定,其示值误差不得超过相应段允许误差的要求。当被检尺全长大于检定台面长度时,可用分段法进行检定,其全长误差为各段误差的代数和。

毫米和厘米分度示值误差是在发现有疑问时,用分度值为 0.01mm 的读数显微镜进行检定。

示值误差的检定也可用测量不确定度为被检尺示值允许误差的 1/4～1/10 的其他方法检定。

测深钢卷尺的示值误差是其零值误差与 500mm 以后的尺带示值误差的代数和。

二、丁字尺

丁字尺,又称 T 形尺,为一端有横档的"丁"字形直尺,由互相垂直的尺头和尺身构成。丁字尺勾画水平线和配合三角板作图的工具,一般可直接用于画平行线或用作三角板的支撑物来画与直尺成各种角度的直线,如图 2－8 所示。

油品计量中的丁字尺是检定汽车罐车容积和计量油罐车中液面高度的工具之一,通过它测量罐车内液面空间高度来计算出罐内装液的实际容量。丁字尺的量程一般为 800mm。

丁字尺一般用铜或铝材制成,其结构由水平横梁和垂直直尺两部分组成。横梁的下端面呈水平,长度略大于汽车罐车帽口外直径。直尺与横梁垂直,呈扁形或方形。直尺的零点在横梁的下端面处,示值自上向下递增。

测量时将直尺伸入帽口,将横梁轻轻地搁在帽口指定的测量部位上,任直尺浸入液体中。此时,液面至直尺零点之间的距离即为空间高度。

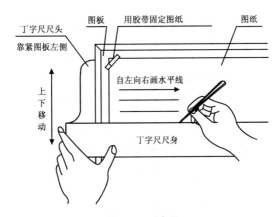

图 2 - 8　丁字尺

其计算公式为

$$H_Y = H - H_2$$

读取液面空间高度的方法，往往因丁字尺的构造不同而略有差别。一种是在刻线尺外套上一个玻璃管和金属保护套，玻璃管的下端有一个由横梁操纵的阀门，使用时先将阀门打开，然后下尺，罐车中的液体进入玻璃管并与外面的液面持平；横梁搁在帽口上以后，关闭底部阀门，使玻璃管中的油漏不出来，提尺，读取空间高度，再打开底阀将油排净。另一种尺的直尺就是刻线尺，借助于量水膏或量油膏来读取空间高度，这种尺使用比较轻便，而且不需要排油。

丁字尺的准确度为：全长不大于 ±0.4mm，任一厘米不大于 ±0.1mm，任一毫米不大于 ±0.5mm。

在用丁字尺测试油罐车的液面高度时，一般采用以下步骤：

（1）在对罐车测量前，先在丁字尺的适当位置涂上示油膏。

（2）在汽车罐车的油罐口加封处或检尺标记处将丁字尺伸入罐内。

（3）轻轻地将丁字尺横尺的两端放在以上部位，当横尺与罐口接触时，立即提尺读数。

（4）使用罐车专用的丁字尺时，应正确地掌握尺上的小开关。

根据油罐车检定程序，应以空距计算其容积。空距应测量两次，当两次读数不超过 2mm 时，以较大的读数为准；当两次读数超过 2mm 时，应重新测量，直至两次连续测量的读数相差不超过 2mm 为止。

三、量水尺

量水尺是用来测量容器内水面高度的计量器具，其形状一般为圆柱形或方柱形。量水尺一般是铝、合金材料或铜制造。量水尺的油量范围为 300～500mm，最小分度值 1mm，质量约 0.8kg。

罐内水位测量方法为测量部位应与测油面高度是同一位置。

1. 量水尺的使用方法

首先将量水尺擦净，在估计水位高度处，涂上一层薄薄的试水膏，然后将检水尺放到罐底，尺与罐底垂直，停留 5～20s，然后提尺在水膏变色与未变色界线处读取水位高度。对于垫水罐进油中不含水分时（如铁路罐车进油），可不测水位；对垫水罐每次收发后应测水，不动转罐每三天应测一次水位。另外还有一种尺砣带线纹刻度的测深钢卷尺也可以测水，方法基本同量水尺操作。

2. 量水尺的技术要求

（1）量水尺应采用与铁器摩擦不发生火花的铜、铝或合金材料制成。它的基本尺寸应符合图 2－9 的要求。

（2）量水尺的尺面要光洁，刻度要清楚。立放在平面上应构成90°角，倾斜误差不超过0.5°。

（3）量水尺刻线误差应符合以下要求：

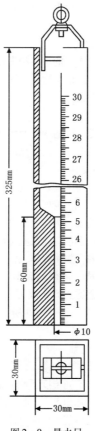

图2-9　量水尺

①长度为 300 ~ 500mm，分度值为 1mm。全长度误差不超过 ±0.5mm。

②厘米分度误差不超过 ±0.3mm。

③毫米分度误差不超过 ±0.2mm。

④量水尺的背画应刻有制造厂名或商标，制造年月和器号，在使用过程中，应定期进行检定或校验。

四、温度计

1. 温度计的种类

温度计是利用物质的某些物理性质随温度变化而变化的特性制成的。根据物质特性随温度而变化的物理性质制作的温度计有：

1）膨胀式温度计

是利用物体随温度的变化而膨胀或收缩的原理制成的，玻璃液体温度计就是常见的一种。

2）电阻式温度计

金属的电阻会随温度升高而增大，而半导体电阻随温度增高而减小，在温度变化不大的情况下其电阻与温度约呈线性关系，更大的温度范围内，通常可用简单的二次多项式表示。通过测量电阻值变化的大小来确定温度高低的，如半导体点温计。电阻式温度计通常用白金线制成，可精确到 10^{-3}℃，常用于精密的测量。由于白金熔点高，故可测温度范围就更大，约为 -250 ~ 1200℃。图 2 - 10 所示为数位电阻式温度表。

3）热电偶温度计

热电偶温度计是由两条不同金属连接着一个灵敏的电压计所组成。不同温度下两个金属接点的电位不等会产生电动势（热电势），根据这一原理，通过测量热电势变化的大小就可以来判断温度的高低了。

图 2 – 10 数位电阻式温度表

（图片来自 www.117china. com. cn）

4）辐射式高温计

是利用测量物体热辐射强度的原理制作的，如光学高温计。

5）压力式温度计

是利用温度变化后工作物质的压力变化测量温度的，它的结构与压力表相似。

2. 玻璃液体温度计

玻璃液体温度计是利用感温液体在透明玻璃感温泡和毛细管内的热膨胀作用来测量温度的。按温度计的结构，分为内标式和外标式两种；按使用时的浸没深度，分成全浸和局浸两种。

3. 石油温度计

石油温度计是测量石油液体温度（计量温度、实验温度）的计量器具。石油温度计大部分为体积式（膨胀式）温度计，它是利用感温液体在透明玻璃感温饱和毛细管的热膨胀作用来测量物体（液体）温度的温度计。图 2 – 11 所示为石油产品试验用温度计。

目前石油计量采用的为摄氏温标，即经验温标。规定在一个标准大气压下，水的凝点为 0℃（叫做冰

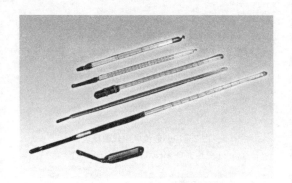

图 2 – 11　石油产品试验用温度计

（图片来自 www. blyibiao. com）

点），水的沸点定为100℃，然后把0℃和100℃之间分成100等份，每一等份就叫做1℃。再按同样分度大小标出0℃以下和100℃以上的温度。0℃以下的温度为负的。这种标定温度的方法叫摄氏温标。

1）容器石油温度测量有关术语

（1）计量温度（t）：储油容器或管线内的油品在计量时的温度，℃。

（2）试验温度（t'）：在读取密度计读数时的液体试样温度，℃。

2）石油温度计的基本结构和技术条件

（1）石油温度计是一种可以直接测量和显示的最小分度值为0.2℃的玻璃棒式、全浸式水银温度计，其测量范围通常为 – 10 ~ 50℃。其结构包括感温泡、感温液体、主刻度、辅刻度、毛细管、安全泡。全长约300mm，外直径约7mm。

（2）石油温度计玻璃应光洁透明，不得有裂痕及影响强度的缺陷（如内力），刻度清晰，在示值范围内不得有影响读数的缺陷。

（3）石油温度计应平直，粗细均匀，不得有显见的弯曲现象。

（4）内标式温度计的刻度板的纵向位移，不得超过分度值的1/3。

（5）毛细管要直，孔径要均匀，正面观察温度计时液柱应具有最大宽度。毛细管与感温泡、中间泡及安全泡连接处应呈圆弧形，不得有颈缩现象。管壁内应清洁无杂质，不得出现影响读数的朦胧现象。

（6）感温液体必须纯洁、干燥、无气泡，液柱不得中断、不得倒流（真空的除外），上升时不得有显见的停滞和跳跃现象，下降时不得在管壁上留下液滴或挂色。

（7）石油温度计刻度的刻线应与毛细管的中心线相垂直，不得有明显的偏斜，与刻度板的间距不得大于1mm。刻线粗细均匀，间隔符合设计要求。刻线、数字和其他标志应清晰准确。涂色应牢固耐久。

（8）允许误差：量限为 −30～100℃ 的全浸式精密温度计，其示值允许误差为 ±0.3℃。

（9）温度计还应具备以下标志：表示国际实用温标"摄氏度"的符号"℃"，制造厂名或商标，制造年、月、编号，浸没方式和浸沉标志等。

（10）检定周期：最长不得超过1年。

（11）依据检定规程：中华人民共和国国家计量检定规程 JJG 130—2004《工作用玻璃液体温度计》。

3）石油温度计的检定方法

根据 JJG 130—2004《工作用玻璃液体温度计》的相关规定，工作用玻璃水银温度计的检定操作如下：

（1）外观检定。外观检定按规程及本节技术条件的有关要求进行。合格者，进行下一项目的检定；不合格经修理调试后仍然不合格者，按不合格计量器具处理。

（2）示值稳定度检定。新生产的上限温度高于100℃的温度计应进行此项抽检，具体检定步骤如下：

①将温度计在上限温度处理15min，取出自然冷却至室温，检定第一次零点位置。

②再将温度计在上限温度处理24h（精密温度计）或48h（普通温度计），取出自然冷却至室温，测定第二次零点位置。用第二次零点位置减去第一次零点位置即为零点上升值，其零点位置的上升值不得超过分度值的1/2。

测定零点位置和示值时要注意检查水银有无蒸发和气泡。

（3）检定计量器具及设备。

①二等标准水银温度计（-30～100℃）。

②水恒温槽（0～95℃）。

③冰点槽（-30～0℃）。

④读数望远镜、玻璃偏光应力仪、钢板尺和读数放大镜等。

（4）工作用水银温度计的零点检定方法。

零点的获得：将蒸馏水冰或自来水冰（注意冰避免过冷）碎成雪花状，放入冰点槽内。注入适量的蒸馏水或自来水后，用干净的玻璃棒搅拌并压紧，使冰面发乌。用二等标准水银温度计进行校准，稳定后使用。

零点检定时将温度计垂直插入槽中，距离器壁不得小于20mm，待示值稳定后方可读数。

温度计插入槽中一般要经过10min（水银温度计）或15min（有机液体温度计）方可读数，读数过程中要求槽温恒定或缓慢均匀上升，整个读数过程中槽温变化不得超过 0.10℃。使用自控恒温槽时控温精度不得大于 ±0.05℃/10min。

读数要迅速，时间间隔要均匀，视线应与刻度垂直，读取液柱弯月面的最高点（水银温度计）或最低点（有机液体温度计）。读数要估读到分度值的 1/10。

精密温度计读数 4 次，普通温度读数 2 次，其顺序为标准→被检$_1$→被检$_2$→…→被检$_n$，然后再按相反顺序读回到标准，最后取算术平均值，分别得到标准温度计及被检温度计的示值。

二等标准水银温度计在每次使用完后，应测定其零点位置（若连续不断使用则可每月测定两次）。

注意：如果工作用玻璃水银温度计零点修正值绝对值大于零点允许误差 ±0.3mm，则该尺为不合格计量器具。

五、石油密度计

石油密度计是测量石油（原油、轻质成品油、润滑油）密度的专业计量器具，如图 2 – 12 所示。根据阿基米得定律，当物体在液体中处于平衡状态时，它所排开的液体重量等于物体本身的重量，因此，根据物体所受浮力行于重力的原理，人们研制出了密度计。这样，让密度计浸没于液体中，即可由标尺直接得到液体密度、相对密度或浓度。

石油密度计由压载室、躯体、干管和置于干管的标尺组成。躯体是圆柱体的中空玻璃管，其压载室部分封闭，以便密度计重心下降，使密度计在液体中垂直地漂浮，并且处于稳定平衡状态。

密度是物质质量与其体积之比。

在同样条件下，由不同材料制成的具有相同体积

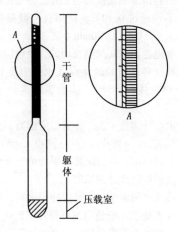

图 2 - 12　石油密度计

的物质，它们的质量一定不等；相反，由不同材料制成的具有同样质量的物体，它们的体积也不同。某种物质的质量越大，说明它在相同的体积内所含有的质量越多。

液体和固体的密度主要取决于温度，也就是说密度是随温度变化的。一般来说，同一物质，温度越高，密度越小，而体积越大，但质量不变；温度越低，则密度越大，体积越小，其质量不变。所以常在的右下角下标以密度测定时的温度，例如表示的是温度 20℃ 的密度值为 0.7300g/cm³。

密度计量属于力学计量的范畴。

1. 石油密度计的技术条件

（1）石油密度计的躯干和干管必须与其轴线对称，在液体中漂浮时因倾斜产生的两侧示值误差不得大于 0.1 分度。

（2）石油密度计内不应有油气、水汽和杂物。

（3）石油密度计应采用优质玻璃制造，且玻璃表面必须光洁透明，没有裂痕、气泡等其他容易影响强度和读数的任何缺陷。

（4）石油密度计的压载物应固定在压载室内，即躯体底部。压载物应为干燥清洁的金属弹丸且弹丸不得出现明显移动。

（5）石油密度计的标尺必须干净、醒目且牢固地黏于干管内壁，不得有松动、皱缩和扭曲等缺陷。标尺标记须清晰、宽度均匀，不得有明显的断线及污点，所有标记均应与密度计轴线相垂直，其宽度不应大于 0.2mm。

（6）石油密度计的干管与液面间的垂直偏差，不得大于 0.1 个分度值。

（7）检定周期：工作浮计检定周期为 1 年，但根据其使用及稳定性等情况可为 2 年。石油密度计检定周期为 1 年。

（8）依据的检定规程：中华人民共和国国家计量检定规程 JJG 42—2001《工作玻璃浮计检定规程》。

（9）依据的标准：中华人民共和国国家标准 GB/T 1884—2000《原油和液体石油产品密度实验室测定法（密度计法）》。

2. 石油液体手工取样

石油液体的手工取样应严格按照中华人民共和国国家标准 GB/T 4756—1998《石油液体手工取样法》执行。

（1）取样器的材质应以铜、铝或与铁器撞击不产生火花的其他合金材料制成。

（2）取样器的自身重量应足以排出液体重量而自沉于石油液体中。

（3）取样器必须是密闭的，盖塞要严密，松紧适当，在非人为打开盖塞的情况下，油品不得渗进采样器内。

（4）取样器上禁止使用化纤与塑料绳，以及不导电易产生火花的材料，以免摩擦起火。

（5）取样器应清洁干燥，容量适当，有足够的强度。

（6）油品取样操作注意事项。

①取样时，首先用待取样的油品冲洗取样器一次，再按照取样规定的部位、比例和上、中、下的次序取样。

②试样容器应有足够的容量，取样结束时至少留有10%的无油空间（不可将取满容器的试样再倒出，造成试样无代表性）。

③试样取回后，应分装在两个清洁干燥的瓶子里密封好，供试样分析和提供仲裁使用。贴好标签，注明取样地点、容器（罐）号、日期、油品名称、牌号和试样类型等。

④安全操作应遵照国家规程和石油安全操作规范执行。

3. 检定方法

工作用石油密度计依据中华人民共和国国家计量检定规程 JJG 42—2001《工作玻璃浮计检定规程》进行。

1）外观检定

外观检定按规程及本节技术条件的有关要求进行。合格者，进行下一项目的检定；不合格经修理调试后仍然不合格者，按不合格计量器具处理。

2）主要检定设备及仪器

（1）二等标准石油密度计组。

（2）检定台。

（3）内径 90～100mm，高 450～500mm 的玻璃检定筒若干个；内径 100～110mm，高 500～510mm 的简易玻璃溢出筒 2 个。

（4）盛放检定液的 3～5L 磨口玻璃瓶若干个。

（5）200g 天平（分度值 e 为 100mg）及配套砝码。

（6）（0～25）mm ±0.01mm 千分尺。

（7）实心玻璃搅拌器数支。

（8）（0～200）mm ±0.02mm 游标卡尺。

（9）偏光应力仪（可作定量测定的应力仪）及超声波厚度仪（用于测定被浮光计光通过被测部位即最大应力点的总厚度）。

（10）辅助设备及材料，包括安放浮放用的架子或盘子若干个、毛巾、亚麻布、脱脂棉、砂芯漏斗、量杯、计算器等。

3）配制检定液

（1）配制硫酸氢乙酯或硫酸水溶液时，应将硫酸缓缓地注入酒精水溶液或纯水中，并不断地搅拌，决不可反向操作。配制过程中，液温不得超过 40℃，否则应停止配制，待冷却后再进行。

（2）新配制的检定液（指硫酸氢乙酯、硫酸水溶液和 q 为 25% 以下低浓度酒精水溶液），必须稳定 12h 后才能使用。

（3）碘化钾、碘化汞水溶液的配制，用质量比 7:10 的化学纯碘化钾和碘化汞放入烧杯里，并加纯水不断搅拌，若呈现红色沉淀需加碘化钾，若呈现白色沉淀需加碘化汞。配好的溶液呈透明的柠檬黄色，开始配制的溶液密度应大于 2000kg/cm³（对于重液密度计的检定其溶液密度应大于 3000kg/cm³），然后加纯水配制所需的密度。

这种溶液见光后易变深红色，影响读数，需在棕色瓶或放在黑暗处保存。另外，该溶液有毒性，应注意人身安全及环境污染。

4）室内检定的环境要求

实验室内温度要相对稳定，不能有阳光直射。检定时液温与室温之差不得大于5℃。

室内应装有通风设备、水源及防火设施。

5）示值检定

（1）检定前的清洁准备工作。

①在检定前应用合成洗涤剂、酒精或汽油等对密度计进行充分清洗，并只能用手持干管最上端标记以上部位。

②检定前对所用的检定筒、搅拌器等玻璃仪器必须洗涤干净并干燥。

（2）读数方法。

①上缘读数法：眼睛稍高于液面，能见到自然光或灯光所反射的一条发亮的细线或小光点（灯光照射与液面的角度应小于45°），读出此处所对应的分度值，然后计算出示值。

②下缘读数法：眼睛稍低于液面，可见椭圆形液面，然后慢慢地抬高眼睛至椭圆形液面变成一直线时为止。读出此时所对应的分度值，然后计算出示值。

（3）检定方法。

①直接比较法，即将两种密度计同时浸入同一检定液中，直接比较它们标尺的示值，从而得到被检密度计的修正值。为尽量避免液体表面张力变化的影响，检定时可用"溢出法"。所谓溢出法，即用溢出筒溢出一层表面以形成新的液面再进行检定的方法。

②在 $1000 \sim 1830 kg/m^3$ 硫酸水溶液中检定密度计和在 q（25%以下）酒精水溶液检定酒精计，可采用

溢出法，亦可用硫氢乙酯进行检定，但后者需作毛细常数修正。

（4）检定的相关注意事项。

①检定液体应搅拌均匀，搅拌器底部不能露出液面，以免带入气泡。

②密度计在液体中应自由漂浮，不得与任何物体相接触。漂浮时允许在检定点的上下 3 个分度值内波动，等稳定后观察弯月面是否正常，若发现弯月面与干管接触处呈类似锯齿形时，应重新清洗，如弯月面正常，即可开始检定。

③每一支密度计检定 3 个点，即首要 2 个点及中间任选一个主要标记点（石油密度计每间隔 1.00 kg/m³或 0.01g/cm³ 检定）。每一检定点必须检定 2 次，当修正值之差大于 0.2 个分度值，应再检一次。这时如果单次修正值与平均修正值之差大于 0.2 个分度值，应再检一次；如果单次修正值与平均修正值之差大于 0.2 个分度值，则须重新清洁后再检定。

第四节　液位测量

一、容器内油品静态计量有关术语

（1）油品静态计量。石油在容器中处于静止状态下的计量。

（2）检尺。用测深钢卷尺计量容器内油品液面高度的过程。

（3）检尺口（又称计量口）。容器顶部用于检尺、人工测量液位、油温测量和取样的开口。

（4）参照点。在检尺口上的一个固定点或标记，即从该点起进行计量。

（5）检尺点（基准点）。在容器底部或检尺板上测量液位时，检尺时测空尺砣接触的点。

（6）检尺板（基准板）。一块焊在容器底（或容器壁上的水平金属板），位于参照点的正下方是作为测深尺砣的接触面。

（7）油高。从油品液面到检尺点的距离。

（8）水高。从油、水界面到检尺点的距离。

（9）空距（空高）。从参照点至容器内油品液面的距离。

（10）修正值。为消除或减少系统误差，用代数法加到未修正测量结果上的值。

（11）参照高度。从参照点到检尺点的距离。

（12）检实尺。用量油尺直接测量容器内液面至检尺点的距离的过程。

（13）检空尺。测量参数点至罐内液面（空距）的过程。

（14）试油膏。一种膏状物质，测量容器内油品液面高度时，将其涂在量油尺上，可清晰地显示出油品液面在量油尺上的位置。

（15）试水膏。一种遇水变色而与油不起反应的膏状物质，测量容器底部明水高度时，涂在水尺上，浸水部分会发生颜色变化，可显示出容器底部明水在水尺上的位置。

二、油高测量

所有测量操作应符合 GB/T 13894—1992《石油和液体石油产品液位测量法（手工法）》标准的规定。

1. 检查及准备工作

计量油品液位高度之前，首先应检查计量器具及试剂是否携带齐全并符合要求。检实尺应采用测深量油尺；检空尺应采用测空量油尺；测量低黏度油品应使用带有轻型尺砣（0.7kg）的量油尺；测量高黏度油品应使用带有重型尺砣（1.6kg）的量油尺。另外，还应了解被测量的储油容器及相连管线的储油工艺情况及液面稳定时间。油品交换计量前，应先排放罐底游离水。

2. 具体步骤及相关技术要求

1）检实尺

对于轻油（汽油、煤油、柴油和轻质润滑油）应检实尺。检尺操作时，站在上风头，一手握尺小心地沿着计量口的下尺槽下尺。尺砣不要摆动，另一手拇指和食指轻轻地固定下尺位置，使尺带下伸，尺砣将接触油面时应缓慢放尺，以免破坏油面的平稳。当下尺深度接近参照高度时，用摇柄卡住尺带，手腕缓缓下移，手感尺砣触底后核对下尺深度（下尺深度应等于参照高度），以确认尺砣触底。对于轻油可立即提尺读数，对于黏油稍停留数秒钟后提尺读数。读数时可摆动尺带，借助光线折射读取油痕的毫米数，再读大数。轻油易挥发，读数应迅速。若尺带油痕不明显，可在油痕附近的尺带上涂拭油膏。连续测量2次，读数误差不大于1mm，取第一次的读数，超过时应重新检尺。

2）检空尺

一般而言，检空尺是用来计量原油、重质燃料油、重质润滑油等油品液位的，具体操作步骤是：待油面稳定后，计量工站在容器顶部计量口的上风头，一手握尺，小心地沿参照点的下尺位置下尺。下尺寸尺砣不要摆动，尺砣接近油面时应缓慢下尺，以防静止的油面被破坏。当尺砣和部分尺带进入油层后，卡住尺带，用另一手指压住尺带，对准计量口的参照点停留1min后，读取与参照点相重合的尺带刻线示值

L。L 值最好是整数，否则可将尺带继续下伸，使 L 值的刻线读数是厘米以上的整数。提尺后读取尺带的浸油深度 L_1，$L-L_1$ 即为空间高度（空距）。容器的总高减去空间高度，即为容器内油面的高度。表达式为

$$H_1 = H - (L - L_1)$$

式中　H_1——油面高度，m；

　　　H——容器参照高度，m；

　　　L——尺带下尺高度示值，m；

　　　L_1——浸油深度，m。

空距应连续测量 2 次，读数误差不得超过 2mm。若 2 次读数误差不超过 1mm 时，取第一次测量值。若超过 1mm 时，取两个测量值的平均值。若连续测量两次误差超过 2mm，应重新检尺。

三、容器内底水的测量

将量水尺擦净，在估计水位的高度上，均匀地涂上一层薄薄的试水膏，然后将量水尺在容器计量口的指定下尺槽降落到容器内，直至轻轻地接触罐底。应保持水尺垂直，停留 5～30s 后，将量水尺提起，在试水膏变色处读数，即为容器内底水高度。

当容器内底水高度超过 300mm 时，可以用量油尺代替量水尺。

四、报告测量结果

报告检尺日期、时间、容器的名称、编号、测量点、油品名称等。

报告检尺量值，准确到 1mm。在进行大量油品输转的有关测量时，应报告全部有关输油管线在操作开始和结束的状态。

第五节　油品温度测量

本节内容依据 GB/T 8927—2008《石油和液体石油产品温度测量　手工法》中有关石油和液体石油产品温度测量的规定，简明介绍了测量储油容器内油品温度应遵循的原则以及常用测量工具的使用方法。

一、油品温度测量原则

（1）在油品输转前后，应采用相同的方法测量罐内液体温度，为减小测量的不确定度，建议输转前后采用相同的计量设备。

（2）当温度测量数据用于参比目的时，应该有经验丰富的计量人员现场监督。在计量员和计量设备离开储油容器前，需要得到相关各方的确认，并立即记录读数。

（3）读数时，应立即记录在罐内液位各测量点上获得的温度计读数、日期和时间。计量口（包括检尺口或蒸气闭锁阀）的位置和每次测温的液位（或采集样品的位置）也应清晰记录在记录本上。

（4）温度测量应通过可直接接触罐内散装油品的计量口进行，必须依照 GB/T 8927—2008 标准规定，否则不使用导向管或温度套管（如果通过导向管测量温度，则必须在导向管的整个工作长度上打孔，以确保测量温度能代表罐内液体的温度）。

（5）在温度测量前，应首先按 GB/T 13894—1992《石油和液体石油产品液位测量法（手工法）》测量罐内液体（包括罐内游离水）高度，按照扣除游离水高度后的实际油高确定测量温度的正确液位。

（6）如果液体温度计使用了金属护套，计量员应使温度计的感温泡充分接触油品，并为观察刻度作好充分准备。对此，温度计在读数前必须在油品内保持足够长的时间，以测量具有代表性的油品温度。

（7）如果油罐配备了不止一个计量口，则每个计量口应具有一个数字编码或其他识别码，并且清晰标记在其上或附近。在所有温度测量记录中，应清楚记录获得温度数据的计量口。为避免外界温度的影响，不应在立式圆筒形油罐内距罐壁500mm以内的区域测量温度。对于建造时间较长的立式圆筒罐，计量口和顶部入孔可能定位在罐壁附近。对于这种情况，应考虑在一个更好的位置建立新的计量口。对于新建罐，建议将计量口定位在离罐壁不小于500mm的位置，并远离罐底附件。

当可以从不止一个计量口获得温度测量数据时，罐内液位应只从与罐容表相关的计量口进行测量。

二、油品测温工具的使用方法

1. 便携式电子温度计（PET）

1）概述

有多种便携式电子温度计，将其传感元件通过现有的计量口放入罐内，可用来测量罐内任何位置的温度。电阻式和半导体式的感应元件适合作为电子温度计的传感元件，但也可使用满足准确度要求的其他传感元件，如图2-13所示。

2）PET的准确度和分辨力

PET的最低分辨力应为0.1℃。

电子温度计应比对标准温度计进行校准，确保在-10~35℃范围内的准确度在±0.2℃以内，在-25~-10℃以及35~100℃范围内的准确度在±0.3℃以内（应用标准温度计的校准修正值），标准温度计应由具有资质的实验室校准合格。

图 2 - 13　便携式电子温度计

（图片来自 www.kuyibu.com）

3）PET 的操作步骤

当使用 PET 时，应按如下步骤进行测量：

（1）在打开计量口或蒸气闭锁阀之前，将 PET 的壳体放到罐体上接地。

（2）在每次用于交接计量前后，检查电池的电量。

（3）在可能的情况下，使用随机配带的校验装置检查电子电路和显示器。

（4）把传感探头降落到第一个预定的液深位置。重要的是将 PET 传感器浸入到正确深度，通过观察尺带或电缆上的刻度可以简化操作。

（5）在预定液深上下大约 0.3m 的区间高度内，上下缓慢提拉传感器，使传感器与周围液体迅速达到温度平衡。当指示温度的变化稳定到 0.1℃ 达到 30s 时，就应该建立了平衡状态。当指示温度在 30s 内的变化不超过 0.1℃ 时，就可认为温度计与周围液体达到了平衡。

（6）在确保读数稳定后，读取记录温度计的读数，作为该点的测量温度。

（7）如果需要多点温度，则在其他液深位置重复上面的步骤。

（8）如果测量记录了多个液位温度而且最高和最低的温度之差在 1.0℃ 以内，则可直接计算平均温度；否则，应在相邻两点中间的液深位置依次补测温度，而后再计算平均温度。

（9）在用 PET 校验一套固定式油罐平均温度计时，应该将固定式平均温度计的读数直接与 PET 在多个液位测量的平均温度进行比较。在用 PET 检验固定式单传感器的油罐温度计时，应按相同的方式评价其提供油罐平均温度的适用性，但同时还应将 PET 传感器浸入到尽可能接近固定式油罐温度计传感器的相同深度和位置，作进一步的比较。

4）PET 准确度的期间核查

（1）工作核查。

工作核查是 PET 与标准温度计进行的直接比对。将两个温度传感器浸入到液体温度约为 PET 预计测量温度的恒温浴内，并放在相同的液深位置，PET 的读数和标准温度计的读数在通过校准证书进行必要的修正后，二者之差不应超过 0.3℃。核查内容也包括随温度计提供的校验系统。对用于交接计量的 PET，最好每天进行一次工作核查；如果不是经常使用，可在每次测量前进行一次工作核查。

（2）校验核查。

校验核查是对温度计的定期（通常每月一次）校验，或者是质疑读数时的随时校验。这项校验应该是工作温度计与校准合格的标准温度计在至少两个温度点（对应测温范围 20% 和 80%）进行的直接比对。在 PET 的整个测温范围内，PET 的读数和标准温度计的读数按照校准证书进行必要的修正后，二者之差应不超过 0.3℃。

如果差值超过 0.3℃，应对 PET 进行调整（在有调整装置的情况下）和重新校准。

（3）重新校准。

重新校准需要按照国家规定的周期将温度计送到有资质的检验机构，对整个量程进行一次校准，并为其签发新的校准证书。

2. 液体玻璃温度计

1）概述

如果没有可供使用的 PET，液体玻璃温度计也可以优先替代它测量温度。此外，也可以使用固定式单点温度计法。

出于健康和安全考虑，可以优先使用酒精玻璃温度计代替水银玻璃温度计，但用户首先应满意其测量的准确度和分辨力达到实际需要。

2）液体玻璃计的准确度和分辨力

在作为固定式单点温度计组成部件的温度套管中，其内部使用的液体玻璃温度计的准确度和分辨力应与上文所示 PET 的规定标准一致。

在油罐取样法中组合使用的液体玻璃温度计，其准确度和分辨力也应与对 PET 的规定一致。然而，当温度计所测量的温度与环境温度有明显不同时，即便采用更高分辨力的温度计可能也达不到其应有的测量精度。综合考虑，温度计的分辨力应不低于 0.2℃。

实际上，对于油罐取样法使用的温度计，在油品温度小于 40℃时，其分辨力应达到 0.1℃，在 40℃和 80℃之间时应达到 0.25℃，在大于 80℃时应达到 0.5℃。

对于油罐取样法使用的温度计，在 -10 ~ 35℃的范围内时，准确度应达到 ±0.1℃；在 -40 ~ 10℃和35 ~ 80℃的范围内时应达到 ±0.25℃；在 80 ~ 120℃的范围内时应达到 ±0.5℃。

液体玻璃温度计在作为标准温度计（检验 PET 或工作用液体玻璃温度计）使用时，其准确度应不低于 ±0.05℃，分辨力应不低于 0.02℃，而且可以溯源到相应的国家基准。

3）液体玻璃温度计的期间检查

（1）工作核查。

工作核查是一项基本检查，它是用工作温度计和校准合格的标准温度计同时测量一个已知点的温度，检查两者的读数是否在规定的允差之内。该允差应不超过 0.5℃。

（2）检验核查。

检验核查是对温度计的定期校验，或者是质疑读数时的随时校验。这项校验应该是工作温度计与校准合格的标准温度计在至少两个温度点（对应测温范围20% 和80%）的比对。两支温度计的读数差应不超过 0.5℃。

如果该读数差超过此数，应报废这支温度计。如果感温液体为水银，当报废温度计时，应采取措施安全地保存水银，避免这种毒性材料对健康、安全和（或）环境造成影响。

（3）重新校准。

重新校准需要按照国家规定的周期将温度计送到有资质的计量校准机构，对其工作量程进行一次重新校准。重新校准相当于对 PET 的初始校准，而且涉及与量程有关的三到五个温度点的比对。液体玻璃温度计重新标准的周期应不超过 5 年。

3. 杯盒温度计

杯盒温度计适用于立式油罐、油船，铁路罐车、输油管线等储油容器中的油品测温。杯盒可以由涂过漆的硬木或不打火花的防腐材料制成，拥有一个容量至少为100mL的杯子，其几何尺寸能保证感温泡到杯壁的最近距离不小于10mm，感温泡底部在杯底以上25mm±5mm的位置。

杯盒内玻璃温度计的准确度和分辨力应符合上文对PET的要求。

杯盒温度计的使用步骤如下：

(1) 将杯盒温度计放到选择的第一个液深位置。

(2) 让杯盒在该位置保持足够长的时间，使其与周围油品达到温度平衡。

必要的浸没时间取决于油品黏度、杯盒的热传导性以及油品与杯盒之间的温差。杯盒温度计达到热平衡所花费的时间应该通过实际试验评估温度计随周围环境温度梯度变化的响应来确定。在大约0.3m的区间高度内反复提放杯盒温度计，可以减少浸没时间（表2-1）。

表2-1　杯盒温度计的建议浸没时间

油品的标准密度 （kg/m³）	杯盒运动时的浸没时间 （min）	杯盒静止时的浸没时间 （min）
<775	5	10
775~825	5	15
825~875	12	25
875~925	20	45
>925	45	80

（3）从油品中提出杯盒温度计，应注意保护，避免受到不利气候条件的影响（将杯盒保持在检尺口以下，可以起到一定的保护作用），按规定读取记录温度计的读数及取样高度。

当取出杯盒组件读取温度时，杯盒应保持在充满状态，而且读数时间应尽可能短。

（4）根据另一个液深位置上数下一个液深位置，重复步骤（1）至步骤（3），直到完成所有位置的温度测量。

（5）计算所有测量温度的平均值，作为罐内液体的平均温度。

在用于原油或燃料油后，温度计及杯盒应当用煤油或汽油清洗并用布擦干，防止形成重油隔热膜。

4. 充溢盒温度计

1）概述

充溢盒应由至少 200mL 容量的圆筒和刚性连接到筒体的温度计保护管构成。充溢盒和保护管不应由铝或铝合金制成。温度计应连接到充溢盒上，感温泡底部应在盒底以上大约 25mm ± 3mm 的位置。

筒体应由合适的能充分耐油的保温材料制成，或者配带某种能延迟热量损失的保温套。筒体的顶部和底部应该有一种能快速启闭的密封盖。在打开位置时，可以确保液体自由流过筒体内部及温度计的感温泡；在关闭位置时，密封盖应能够保存一满罐液体。

该设备的设计应该能够通过悬吊绳的急拉或某种合适的遥控来控制密封盖的开启和关闭。

该装置的材质和结构应使油品温度测定所需要的时间不超过规定的充溢时间。

由于读数时的温度计杆管未全部浸入油中，因此应对温度计进行局部浸入状态下的校准。

充溢盒中温度计的准确度和分辨力应符合上文中对 PET 的规定。

2）充溢盒温度计的使用步骤

充溢盒温度计的使用步骤是：

（1）在充溢盒的液体进出口能自由开闭（其开口有的需提前打开）的前提下，将其放入油罐。

（2）充溢盒在入油时先进行初步充溢，然后将其放到选择的上数第一个液深位置。当放到该位置时，在大约 0.3m 的区间高度内反复提放充溢盒，充溢至少 2min。

在提放期间，应注意避免急拉操作绳，防止充溢盒过早关闭。

（3）当充溢盒温度计与周围液体达到温度平衡时，急拉操作绳关闭充溢盒（或操作遥控关闭机构）。收回充满油样的充溢盒，应尽可能避免不利气候条件的影响（将充溢盒保持在检尺口以下，可以起到一定的保护作用），按规定读取记录温度计的读数和取样高度。

（4）根据第一个液深位置上数下一个液深位置，重复步骤（1）至步骤（3），直到完成所有位置的温度测量。

（5）计算所有测量温度的平均值，作为罐内液体的平均温度。

在用于原油或燃料油后，温度计和充溢盒应该用煤油或汽油清洗并用布擦干，防止形成重油隔热膜。

5. 取样瓶法

将液体玻璃温度计插入采集的油样中，由样品温度可以获得取样位置的油品温度。在加重的取样笼中使用的取样瓶应具有足够深度，以容纳温度计达到其所规定的部分浸液深度。取样瓶也应具有足够的容量，确保样品一旦从罐内散装液体中移出时，样品温度不至于快速变化。在通常情况下，取样瓶的容量应该不小于 500mL。

样品瓶中使用的温度计的准确度和分辨力应符合前文中对 PET 的要求。

1）取样瓶法的操作步骤

用取样瓶测量油品温度的建议步骤是：

（1）将玻璃样品瓶放入加重的取样笼中，关闭样品瓶，防止油品过早流入瓶内。

（2）玻璃瓶应优先于金属瓶使用，原因是玻璃瓶有更好的保温性能，而金属瓶在罐内液体静压下还可能变形。

（3）将装有样品瓶的取样笼放到选择的第一个液深位置。

（4）将样品瓶在该位置保持至少 2min（最好 3min），在大约 0.3m 的区间高度内缓慢提放取样笼，能够加快温度平衡。

（5）急速拉绳（或操作相应机构）打开瓶塞，将样品采集到已达温度平衡的样品瓶内。

（6）给出一定的时间使瓶子充满，然后将瓶子提到罐顶。

（7）将液体玻璃温度计插入样品中，缓慢搅拌直到获得温度平衡，即温度保持恒定（在最小分度的一半以内）达 20s。为避免不利气候条件的影响，在温度计读数前及读数期间，样品瓶应尽可能放在检尺口里面（或采取其他保护方式）。

由于存在气候条件的影响，因此平衡时间应缩短为 20s。在就地进行温度测量的情况下（温度测量不受计量点气候条件的影响），规定的平衡时间 30s。

（8）当温度计达到油样的平衡时间时，迅速读取记录温度计的读数和采样高度。

（9）在第一个液深位置上数下一个液深位置，重复步骤（1）至步骤（7），直到完成所有位置的温度测量。

（10）计算所有测量温度的平均值，作为罐内液体的平均温度。

6. 蒸气闭锁取样器及配套温度计

在设计蒸气闭锁装置时，应该能够使压力罐在最高的工作压力下进行计量或取样。

本装置通常已被通过蒸气闭锁阀使用的 PET 所取代，但在特定的情况下仍然可以使用。

杯盒或充溢盒温度计可以通过蒸气闭锁来使用，或者将液体玻璃温度计集成到一种特殊的充溢盒取样器中替代使用，也可以使用与蒸气闭锁配套的其他类似设备。蒸气闭锁可以满足在任何规定深度采集样品，取样容量不小于 450mL。

取样器由一个具有约 1L 容量的玻璃筒构成，顶部和底部由一个采用拉销定位的阀门封闭。阀门由两组通过提拉取样器（重量）驱动的拉杆来控制。

玻璃筒内配置了固定液体玻璃温度计的夹子，确保感温泡任何部分到取样器内壁和底部的距离不小于10mm。在取样器内使用的温度计的准确度和分辨力应符合上文中对 PET 的要求。

7. 固定式单点温度计

1）角杆温度计

角杆温度计是杆管刻度部分与其余杆管及感温泡成一定角度的温度计。当主杆管和感温泡水平（或接近水平的一定角度）插入穿过罐壁的温度套管时，可以方便地读取竖直杆管的刻度。为减小温度计杆管罐外部分的破裂风险，可以对其进行适当加固。

根据在温度套管内包含的感温泡和杆管的有效长度，对角杆温度计进行部分浸入的校准。

在装配角杆温度计及其温度套管时，温度计感温泡到罐壁的距离不应小于 500mm。

温度计感温泡应优先放置在离罐壁不小于 900mm 的位置。

工业型的角杆温度计不适于安装在体积式校准罐或其他流量计的校准设备上。在这种情况下，规定使用特殊的高精度温度计。

2）罐底液体玻璃温度计

罐底液体玻璃温度计的长度通常为 1.3m，直径为 10mm。温度计被放在插入罐壁至少 900mm 的水平或稍微倾斜的温度套管内，一般固定安装在油罐的较低部位。

为确保温度套管与温度计之间有较好的热接触，应在温度套管内装入低黏度油品（例如煤油或柴油）。

3）准确度和分辨力

固定安装的液体玻璃温度计的准确度和分辨力应满足上文中对 PET 的要求。

8. 带刻度盘的双金属驱动温度计

1）概述

在某些情况下，最好不要在油罐（储存沥青等高温产品）上或需要现场指示的场合使用液体玻璃温度计，采用带刻度盘的双金属驱动的温度计可能更合适。

带刻度盘的双金属驱动温度计（图 2 - 14）应该通过标准的可拆卸金属套管装入油罐。温度计杆管的长度应至少为 500mm，感应部分的长度不应超过 60mm。该设备应通过螺纹连接到套管上。

2）准确度和分辨力

双金属温度计的测量数据不应该用于交接计量，

图 2 - 14 双金属温度计

（图片来自 www. huajx. com）

除非校准实验已经证实其测量的准确度和分辨力与 GB/T 8927—2008《石油和液体石油产品温度测量 手工法》中给出的其他测量方法一致。

双金属驱动的温度计应该与 PET 和液体玻璃温度计具有同等精度，但实际上很难达到。

便携式电子温度计的温度读数应读准记录到 0.1℃（通常为显示的最大分辨力或最小分度值），液体玻璃温度计的温度读数应读准记录到最小分度的一半。当需要测量多个位置的油品温度来确定罐内油品的平均温度时，平均温度应修约报告到 0.1℃。

第六节 油品密度测量

一、油品密度的测量仪器

（1）密度计量筒。由透明玻璃等材料制成，其内径至少比密度计外径大 25mm，其高度应使密度计在试样中漂浮时，密度计底部与量筒底部的间距至少有 25mm。

（2）密度计。由玻璃制成，应符合 SH/T 0316—1998《石油密度技术条件》。

（3）恒温浴。其尺寸大小能容纳密度计量筒，使试样完全浸没在恒温浴液体表面以下，在试验期间，能保持试验温度变化在 0.25℃ 以内。

（4）温度计应有有效的检定证书。

二、油品密度的测量

当用石油密度计来测定油品密度时，试验温度应在散装石油温度或接近散装石油 ±3℃ 下测定密度，以减少石油体积修正的误差。对于黏稠试样应达到足够的流动性，试验温度应高于倾点 9℃ 以上，或高于浊点 3℃ 以上中较高的一个温度。将均匀的试样小心倾入量筒中，并将量筒置入恒温水浴中。把温度计插入试样中并使水银温度计读数示值保持全浸。再将选好的、清洁干燥的石油密度计轻轻地放在试样中，对于不透明的黏稠液体，要等待密度计慢慢地沉入液体中。

对于透明低黏度液体，应将石油密度计压入试样约两个刻度，再放开，在放开时要轻轻转动一下密度计，使它能在离开量筒壁的地方静止下来，自由漂浮。应有充分的时间让石油密度计静止，使其达到平衡，即可读取密度计刻度值。读取密度计的刻度值后，应再次读取试验温度值。必须指出，读取密度计读数即视密度的时候，必须按照密度计上标注的规定方法进行。依据新的密度计技术条件 SH/T 0316—1998 制造的密度计，可按下列方法读数。

若测定透明液体，应先将眼睛放在稍低于液面的位置，慢慢地升到表面，先看到一个不正的椭圆，然后变成一条与密度计刻度相切的直线（图 2 - 15）。密度计读数为液体的水平面与密度计刻度相切的那一点。

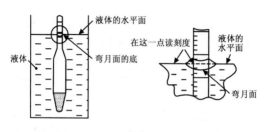

图 2 - 15　透明液体的密度计刻度读数

　　若测定不透明液体，应将眼睛放在稍高于液面的位置观察（图 2 - 16）。密度计读数为液体上弯月面与密度计刻度相切的那一点。

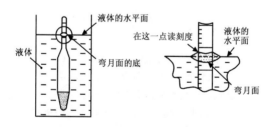

图 2 - 16　不透明液体的密度计刻度读数

　　稍稍提起密度计，擦去最上部黏附的试样，再重复测定一次，并用温度计小心地搅拌试样，待密度计离开筒壁，静止后读数，连续两次测定中温度变化不应超过 0.5℃。对于透明低黏度液体，密度计读数偏差不应超过 0.0005g/cm^3，对于不透明液体，不应超过 0.0006g/cm^3。如果超过了应重新进行测定。对观察到的密度计读数，应按密度检定证书给出的修正值进行修正后，记录到 0.1kg/m³（0.0001g/cm³）。由于密度计读数是按液体下弯月面读数进行检定的，当测不透明液体密度时应按弯月面修正值对观察到的密度计读数再做修正。同时，对观察到的温度计的读数做有关修正后，记录到接近 0.1℃。记录连续两次测定的温度和视密度数值，按不同试验油品，查 GB/T 1885—1998《石油计量表》中相应的表格。原油查表59A，石油产品查表 59B，润滑油查表 59D，将修正后的密度计的读数换算到 20℃下的标准密度。取两个 20℃下的标准密度的算术平均值作为试样的标准密度。

密度测定结果最终报告到 0.1kg/m³（20℃）。写明试验日期、时间、油品种类、密度计读数、试验温度及标准密度。

第七节　油品含水测量

油品含水量的测定操作应符合 GB/T 260—1977《石油产品水分测定法》标准中的有关规定。

测定石油产品水分，应采用水分测定器，将一定量的试样与无水溶剂混合，进行蒸馏，测量其水含量，用百分数表示。

一、测定仪器

500mL 的圆底烧瓶一个、接受器、250～300mm 的直管式冷凝器。水分测定器的各部分连接处应用磨口塞或软木塞连接。接受器的刻度在 0.3mL 以下设有 10 等分的刻度；0.3～1.0mL 设有 7 等分的刻线；1.0～10mL 之间每分度为 0.2mL。

试验用的溶剂是工业溶剂油或直馏汽油在 80℃

以上的馏分，溶剂在使用前必须脱水和过滤。无采由瓷片、浮石或一端封闭的玻璃毛细管，在使用前必须烘干。

二、操作步骤

（1）将试样装入烧瓶内混合均匀，并摇动5min，黏稠或含石蜡的油品应预先加热至40~50℃，才能摇匀。试样的装入量最多不能超过烧瓶容积的3/4。

（2）向预先洗净并烘干的圆底烧瓶称入摇均的试样100g，称准至0.1g。

用量筒取100mL溶剂，注入圆底烧瓶中，将圆底烧瓶中的混合物仔细摇匀后，投入一些无釉瓷片、浮石或毛细管，将水分测定器严格按图2-17所示安装好，接受器应洗净并烘干。安装时把其支管紧密地安装在圆底烧瓶上，使支管的斜口进入圆底烧瓶15

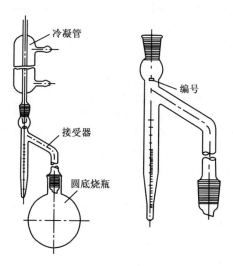

图2-17　水分测定器

~20mm。然后，在接受器上连接直管试冷凝器，冷凝管与接受器的轴心线要互相重合，冷凝管下端的斜口切面要与接受器的支管管口相对；为了避免蒸气逸出，应在塞子缝隙上涂抹火棉胶。进入冷凝管的水温与室温相差较大时，应在冷凝管的上端用棉花塞住，以免空气中的水蒸气进入冷凝管凝结。

(3) 用电炉或酒精灯为圆底烧瓶加热，并控制回流速度，使冷凝管每秒钟滴2~4滴液体。当接受器中水的体积不再增加且上层完全透明时，停止加热，整个过程不应超过1h。

停止加热后，如冷凝管内仍有水滴，应从冷凝管上端倒入所规定的溶剂，把水滴冲进接受器。如溶剂冲洗无效，应用金属丝或玻璃棒带有橡皮或塑料头的一端，把冷凝管内壁水刮进接受器中。

(4) 圆底烧瓶冷凝后，将仪器拆卸，读出接受器中收集水的体积。当接受器中的溶剂呈现浑浊而且管底收集的水不超过0.3mL时，将接受器放入热水中浸20~30min，使溶剂澄清，然后再将接受器冷却到室温，读出管底收集水的体积。

三、测定方法和含水量计算

向圆底烧瓶中称量100g摇匀的试样，用量筒取100mL溶剂倒入圆底烧瓶中，再投入一些无釉瓷片、浮石或毛细管，将水分测定器严格按要求安装好，并保持仪器内壁干燥、清洁。

用电炉或酒精灯小心加热圆底烧瓶，控制回流速度，使冷凝管每秒钟滴2~4滴液体。当接受器中水的体积不再增加，而且上层完全透明时，停止加热。将冷凝器内壁的水滴完全收集于接受器中，读出接受器中收集水的体积。试样中水分质量百分含量 X，按下式计算：

$$X = V/m \times 100$$

式中　　V——接受器中收集水的体积，mL；

　　　　m——试样的质量，g。

测定两次，其结果不应超过接受管的一个刻度，取两次的算术平均值作为试样的水分。

第八节　油品计量中的计算

一、油品计量的术语

1. 长度和体积

1）长度

长度的国际单位制的基本单位是"米"，用符号"m"表示。

长度的常用倍数和分数单位有：千米（km）、分米（dm）、厘米（cm）、毫米（mm），其中千米在我国俗称公里。

2）体积

体积的国际单位制的基本单位是"立方米"，用符号"m^3"表示。

体积的常用倍数和分数单位有：立方分米（dm^3）、立方厘米（cm^3）。"L"或"l"亦为体积单位，$1L = 1dm^3$。日常生活中还常用到毫升（mL），这个单位，它等于$10^{-3}L$。

3）石油标准体积

石油在20℃时的体积，称为石油的标准体积，用V_{20}表示，常用单位有dm^3和m^3。

2. 重量、质量、密度和温度

1）重量

地球上的物体所受地球引力的大小叫重量，由于受地球自转而产生的惯性离心力的微小影响，因此同一物体在地球上不同纬度和高度上，其重量稍有不同，越近两极或越近地面，重量愈大。

重量实际上并不是质量，1901年第三届国际计量大会对此发表了如下声明：

鉴于必须结束目前使用中仍然出现"重量"一词的含义，有时用作"质量"的意义，有时又用作"机械力"的意义的含混状况，大会声明：

（1）千克（公斤）是质量单位，它等于国际千克（公斤）原器的质量。

（2）"重量"一词表示的量与"力"原性质相同；物体的重量是该物体质量与重力加速度的乘积；特别是，一个物体的标准重量是该物体的质量与标准重力加速度的乘积。

（3）国际计量检定业务中用的标准重力加速度之值为980.665cm/s²，这是一些法律承认的值。

由上所述，质量和重量实际上是性质不同的两个量。但在人们日常生活和基本贸易中，质量习惯上称为重量。1959年国务院发布关于统一计量制度的命令中即表明质量与重量单位相同，1984年2月国务院规定的《中华人民共和国法定计量单位》也注明"人民生活和贸易中，质量习惯称为重量"，所以在生活和贸易中所说的重量实际上是质量。

2）质量

质量是量度物体惯性大小的物理量，一般用物体所受外力和由此得到的加速度之比来表示，即

$$m = \frac{F}{a}$$

式中　　m——质量，kg；

　　　　F——物体所受的外力，N；

　　a——物体在外力作用下得到的加速度，m/s^2。

　　物体的质量 m 和它的速度 v 有关，其关系为

$$m = m_0 / \sqrt{1 - v^2/c^2}$$

式中　c——真空中的光速，m/s；

　　　m_0——物体在静止时的质量，kg；

　　　v——物体的运动速度，m/s。

　　按照这一关系，质量随速度的增加而增加，但只有在 v 很大时才显著，通常 v 比 c 小得多，m 和 m_0 相差极小，可近似地看做是不变的量。

　　质量的大小通常用天平和砝码来衡量，常用的单位是 kg。

　　3）密度

　　在温度 t℃时，单位体积的石油所含有的质量称为该温度下的密度，用"ρ_t"表示。密度的国际制单位为千克每立方米，用符号"kg/m^3"表示。常用的单位有：克每立方厘米"g/cm^3"，千克每立方分米"kg/dm^3"。

　　（1）视密度。

　　视密度又称为观察密度，是用石油密度计在温度 t℃（$t \neq 20$℃）时测得的密度计读数（含有器差修正），用"ρ_t"表示，常用单位有"g/cm^3"。

　　（2）标准密度。

　　在 20℃时，单位体积石油含有的质量称为标准密度，用 ρ_{20} 表示，单位为"g/cm^3"。

　　（3）相对密度。

　　在标准条件下，该物质的密度与另一物质密度之比称为相对密度。

　　液体和固定物质的相对密度通常指在标准温度 20℃下的物质密度与纯水在 4℃时密度之比，记为

d_4^{20}。若密度测定误差大于 0.01%，可认为4℃纯水密度等于 $1g/cm^3$，因而物质的相对密度 d_4^{20} 在数值上等于该物 20℃时的密度，不同的是相对密度是无名数。

4) 温度

用来表示物体冷热强度的量称为温度。要准确地测量出温度的示值，必须先建立一个衡量温度的标尺，即"温标"，并规定了它的基本单位。

温度这个物理量有两个名称，一是在国际单位制的基本单位中的名称叫"热力学温度"，单位名称叫"开尔文"，用符号"K"表示；二是在国际单位制中具有专门名称的导出单位中的名称叫"摄氏温度"，单位名称叫"摄氏度"，用符号"℃"表示。

摄氏温度与热力学温度的换算关系是

$$T = t + 273.15$$

式中　T——热力学温度值，K；

　　　t——摄氏温度值，℃。

另外，还有华氏温标，与摄氏温标的关系为

$$F = \frac{9}{5}C + 32 \quad C = (F - 32) \times \frac{5}{9}$$

式中　F——华氏温标；

　　　C——摄氏温标。

2. 常用的几个系数

1) 石油体积温度系数

当石油温度变化 1℃时，石油体积的变化率称为石油体积温度系数，用 f 表示，单位为 1/℃。

设原来石油的温度为 t，体积为 V_t。受环境影响，油的温度由 t 变为20℃，体积亦从 V_t 变为 V_{20}，石油每变化 1℃时体积的变化率为

$$F = (V_t - V_{20}) / [V_t (t - 20)]$$

$$= \frac{p_{20} - p_t}{p_{20} \cdot p_t} \cdot \frac{p_t}{t - 20}$$

$$= \left[\rho_{20} - \rho_{20} + \gamma \left(t - 20 \right) \right] / \left[\rho_{20} \left(t - 20 \right) \right]$$

$$= \gamma / \rho_{20}$$

f 值可在 GB/T 1885—1998《石油计量表》中查得。

既然 f 反映了每变化1℃石油体积的变化率，因而石油20℃的体积 V_{20} 也可以用下式求得，即

$$V_{20} = V_t \left[1 - f \left(t - 20 \right) \right]$$

2）石油密度温度系数（γ）

在标准温度下，石油温度变化1℃时，其密度的变化量称为石油密度温度系数，单位为g/（cm^3·℃）。

既然 γ 值是标准温度下，温度每变化1℃所造成的密度变化量，那么，若如已知标准密度 ρ_{20}，并从 GB/T 1885—1998《石油计量表》中查出相应的 γ 值，就可以计算出任一温度下的密度

$$\rho_t = \rho_{20} - \gamma \left(t - 20 \right)$$

3）石油体积系数

石油在20℃温度下的体积 V_{20} 与在 t℃温度下体积 V_t 的比值称为石油体积系数，用 k 表示，即 $k = V_{20}/V_t$，由此可得

$$V_{20} = V_t k$$

因为　　$V_{20} = V_t \left(m/\rho_{20} \right) / \left(m/\rho_t \right)$

　　　　　$= \rho_t / \rho_{20}$

所以　$k = \left[\rho_{20} - \gamma \left(t - 20 \right) \right] / \rho_{20}$

　　　　　$= 1 - \gamma \left(t - 20 \right) / \rho_{20}$

石油体积系数 k 可在 GB/T 1885—1998 中查得。

二、油品计量的三大方法

目前，关于油品计量的方法国际上有三种区分，它们分别是衡量法、体积质量法和体积法（容量法）。

1. 衡量法

衡量法是以衡器和砝码为计量手段，也就是用秤称量，衡量法目前我国应用较为广泛，该方法适用于小批量并以质量为计量结算单位的场合。如油桶、油听等小容器可直接采用重量法，用衡器称其质量。

2. 体积质量法

我国油品收发储存都是以质量作为计量核算单位。但对于大型油罐、油轮及罐车等，因不能直接称其质量，所以采用体积重量法。即先测量油品的体积 V_1、温度 t 和密度 ρ_1，然后换算成标准体积 V_{20} 和标准密度 ρ_{20}，可考虑到空气浮力，按下述公式计算出其在空气中的质量：

$$G = V_{20} \left(\rho_{20} - 0.0011 \right)$$

3. 体积法

体积法又称容量法，在国际石油贸易中广泛使用。它以体积为单位，用 L（升）、gal（加仑）、bbl（桶）表示计量单位。这种方法不需要测定密度，计算简单、方便，且较为合理。

静态检测和动态检测是石油计量检测中最常用的两个方法。静态检测是指油品静止储存在容器内，测定其高度再换算成体积的方法。动态检测则是油品在输送过程中用流量计测定其积累流量的方法。

在国际石油贸易中，石油计量方法存在两类标准：一类是以英美为主的 ASTM 标准，它规定的计量单位是容积单位，以加仑、桶为计量单位。计量的主要参数为温度、体积，此外还测量密度指数（API）；另一类是苏联的 Г OCT 标准，它规定的计量单位是千克、吨，计量中测定的主要参数为容积、温度、密度。这样在研究计量的方向上也各有不同。英美国家在石油储罐计量方面着重于液面计和温度计，而推行公制的国家，则着重于计量质量。

第九节　衡器计量

一、衡器的分类与四大原理

衡器的分类是依据衡器的某一特征而进行的。依据特征不同，分类的方法也不同。按衡器的结构原理可分为三类，即机械秤、电子秤、机电结合秤。按用途不同分类，可分成商用秤、工业秤、特种秤。按操作方式分类，可分为自动秤和非自动秤。按功能不同可分为计数秤、计价秤、计重秤。

在衡器上被称物体的重力与已知质量的标准砝码的重力进行比较的过程称为称量。称量的原理一般可分为：杠杆原理、传感原理、弹性原理及液压原理。

1. 杠杆原理

杠杆原理亦称"杠杆平衡条件"，是古希腊科学家阿基米得在《论平面图形的平衡》一书中提出的。他首先把杠杆实际应用中的一些经验知识当做"不证自明的公理"，然后从这些公理出发，运用几何学通过严密的科学论证，得出了杠杆原理。

杠杆是一种在外力作用下，绕固定轴转动的机械装置。要使杠杆平衡，作用在杠杆上的两个力（动力点、支点和阻力点）的大小跟他们的力臂成反比，即动力×动力臂＝阻力×阻力臂，用代数式表示为

$$F_1 L_1 = F_2 L_2$$

式中　F_1——动力；

　　　F_2——阻力；

　　　L_1——动力臂；

　　　L_2——阻力臂。

由此可知，欲使杠杆平衡，动力臂是阻力臂的几倍，动力就是阻力的几分之几。

秤就是根据该原理制成的计量器具。

如图 2–18 所示，m_A 和 m_B 分别表示被称物和标准砝码的质量，L_A 和 L_B 表示两臂长，当杠杆处于平衡状态时 $m_A g L_A = m_B g L_B$。由于杠杆两端的重力加速度相等，假如 $L_A = L_B$，则平衡时下式成立，即 $m_A = m_B$。由此可见，杠杆的工作原理是力矩平衡，所得的结果是物体的质量。

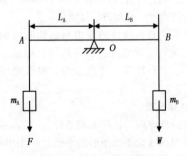

图 2–18　秤的平衡原量

2. 传感原理

以电阻应变式称重传感器为例，它的工作原理是弹性体（弹性元件、敏感染）在外力作用下产生弹性形变，使黏贴在它表面的电阻应变片（转换元件）也产生变形电阻。应变片变形后，它的阻值也发生变化，再经相应的测量电路把这一电阻变化转化为电信号（电压或电流），从而完成将外力变换为电信号的过程。

3. 弹性元件变形原理

在重力作用下，有可能将弹簧拉长变形。按照弹簧变形的大小，就可以判定出作用力、重力的大小，各种扭力天平和弹簧秤都是根据这个原理制造的。如图 2 - 19 所示，这是一个弹簧秤原理示意图。不称量

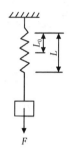

图 2 - 19　弹簧变形原理

物体时，弹簧原长为 L_0；称量物体时（设物体重量为 F），弹簧长由 L_0 拉长到 L，根据物体弹性变形虎克定律可知：

$$L - L_0 = KF$$

式中　K——比例常数。

令 $N = L - L_0$，则上式可写成 $N = KF$。

实际上 N 就是弹簧的变形量，即弹簧变形量 N 与所称物重力 F 成正比，它由 F 与 N 所选用的单位来决定。如 $K = 1$，则有 $N = F$。因此，当重力加速度不变时，在弹簧秤上称量的结果就是物体的重力。

4. 液压原理

根据帕斯卡原理，加在容器液体上的压强，能够按照原来的大小由液体向各个方向传递。液压秤就是根据这一原理制成的。如图 2 – 20 所示，m_a 和 m_p 分别表示被称量物体和标准砝码的质量，A_1 和 A_2 表示两个液压活塞的有效面积。

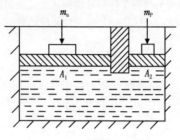

图 2 – 20　液压秤原理

平衡时：

$$m_a = m_p \frac{A_1}{A_2}$$

由此可见，在液压称量时，得到的是物体的质量。

二、衡器的计量性能和准确度等级划分

1. 衡器的计量性能

除了普通机械系统所要求的性能外，衡器作为计量器具还要求具备以下 4 种计量性能。

1）稳定性

衡器的稳定性是指衡器的平衡状态被扰动后，能自动恢复或保持原来平衡位置的性能。衡器的稳定性可用稳定度来表示。稳定度是指衡器在规定的工作条件内，平衡位置（示值）及某些性能随时间保持不变的能力。

2) 灵敏性

衡器的灵敏性是指衡器的示值对被测质量微小变化作出反应的特征。衡器的灵敏性可用灵敏度来表示。灵敏度是指衡器对被测质量变化的反应能力。

3) 准确性

衡器的准确性指衡器对力的传递与转换系统准确可靠的特征。衡器的准确性可用正确度表示。正确度表示称量结果中系统误差大小的程度。

4) 示值不变性

衡器的示值不变性是指衡器在相同条件下, 以一致的方式对同一被测质量进行连续多次称量时, 其称量结果是一样的。

2. 非自动衡器准确度等级划分

秤的准确度等级划分原则主要基于两个参数,即分度数和分度值,分度值越小,分度数越多,则秤的准确度也越高,参见表 2-2。分度值即为俗称的分格。分度数 $n = \max/d$。对标尺秤来说分度数是真实的。

非自动衡器划分为三个等级,即高准确度等级、中准确度等级和普通准确度等级。高准确度等级秤用来称量贵重物品和作标准用;中准确度等级秤一般用于贸易结算;普通准确度等级秤适用于称量低值物品。

划分秤准确度级别的基础之一是分度值 d, 因此允许误差以分度值 d 的倍数给出, 这是必然的。最大允许误差是指给计量器具的技术规范、检定规程等所允许的误差的极限值。具体规定见表 2-2。

从秤的零点到最大称量, 划分为大、中、小三个检定称量段, 每个秤量段规定了一个允许误差, 在称量的特定范围内, 允许误差是一个常数。新制造的和修理后的秤, 出厂检定时, 其允许误差在小称量段为 $\pm 0.5d$, 中称量段为 $\pm 1.0d$, 大称量段为 $\pm 1.5d$, 使用中的检定其允许误差要加倍。不同级别的称量段范围是不同的,见表2-3。

表2-2 准确度等级划分

准确度级别	最大称量 max	分度值 d	分度数 n	最小称量 min
高准确度级别Ⅱ	50g < max ≤500g	1mg≤d ≤5mg	10000 < n ≤100000	50d
	100g < max ≤50kg	10mg≤d ≤500mg	10000 < n ≤100000	50d
	10kg < max	1g≤d	10000 < n ≤100000	50d
中准确度级别Ⅲ	100g < max ≤10kg	0.1g≤d ≤1g	1000 < n ≤10000	50d
	2kg < max ≤50kg	2g、5g	1000 < n ≤10000	50d
	10kg < max ≤100t	10g≤d ≤10kg	1000 < n ≤10000	50d
	20t < max	20kg≤d	1000 < n ≤10000	100d
普通准确度级别	2kg < max ≤10t	5g≤d≤10kg	40 < n ≤10000	10d
	8t < max	20kg≤d	40 < n ≤10000	10d

注:若10d超过1000kg,则最小称量等于10d。

表2-3 不同级别秤量段范围

检定称量			允许误差	
2级	3级	4级	新制造和修理后的	使用中的
0～5000d	0～500d	0～50d	±0.5d	±1.0d
>5000～20000d	>500～2000d	>50～200d	±1.0d	±2.0d
>20000d	>2000d	>200d	±1.5d	±3.0d

三、电子汽车衡

电子汽车衡俗称地磅，是在大宗货物计量中应用的主要称重设备。虽然体积较大，由于采用了称重传感器，从而克服了机械地中衡必须深挖地坑的传统方法，电子汽车衡可做成无基坑或浅基坑的结构。同时

图 2 - 21 电子汽车衡

（图片来自 http：//www. hzhq. com）

还可以根据需要设置一些现代管理和贸易结算等功能（如采用微型计算机进行数据处理），极大地扩展了工作范围，改善了劳动条件，提高了工作效率和经济效益。目前，我国生产的电子汽车衡还没有统一设计，都是各自选用不同的称重传感器与称重显示控制仪表组合而成，但是它们的工作原理基本是一致的。本章将以 HCS 系列无基坑电子汽车衡为例进行介绍。

1. 电子汽车衡的结构

HCS 系列电子汽车衡由秤体、4～6 个称重传感器以及称重显示控制仪表等组成，基本配装有数字输

出接口部件、打印机等，其结构如图 2 - 22 所示。

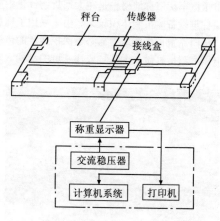

图 2 - 22　电子汽车衡结构框图

1）秤体

它是电子汽车衡的主要承载部件。HCS 系列汽车衡的秤体为钢框架结构，它具有足够的强度和刚度，较高的自振频率以及良好的稳定性。由于自身较重，可给称重传感器一定的预压力，以改善称重传感器的工作性能。在秤体的两端设置了两组限位装置，使前后左右四个方位得了控制，减少了秤体的位移，使秤体均在地面之上，其承受的载荷能准确地传递给称重传感器。

汽车进出承重台需要经过一定长度的引坡，在坡度一定的条件下，引坡越短越好，因此承重台台面距地面的高度要小。秤体两端铺设的引坡，可因地制宜地做成混凝土结构，也可做成钢结构。

HCS 系列电子汽车衡属无基坑形式，整个秤体均在地面之上。

2）称重传感器

HCS 系列电子汽车衡采用剪切型悬臂梁式结构，具有结构简单、稳定可靠、灵敏度高、输出信号大、安装方便、抗侧向力强等优点。此外，这一结构的电子汽车衡的抗冲击性能与抗震性能也很好，而且弹性体经镀镍和密封处理，足以适应工业环境。

3）称重显示控制仪表

HCS 系列电子汽车衡有 3 种显示形式，即单显示、双显示和多功能显示。单显示仪表只能显示毛重、皮重和净重；双显示仪表可用 6 位仪表数字显示毛重、皮重和净重，还能显示时间、日期、标识号、序号等；多功能显示仪表还可显示预置重量值。仪表外壳结构有台式、柜式、墙式。

4）传力机构

电子汽车衡的传力机构通常应满足以下要求：

（1）电子汽车衡的传力机构应满足在水平外力消失后能使承重台较快恢复平衡。

（2）电子汽车衡的传力机构应满足承重台可以在水平方向进行一定范围的自由摆动。

（3）传力机构必须能经受较大的环境温度的变化。

（4）传力机构必须能经受得住油罐车在承重台上的制动冲击力。

2. 电子汽车衡的工作原理

当称重物体或载重汽车停放在秤台上，载荷通过秤体将重量传递给称重传感器，使其弹性体产生变形，于是黏贴在弹性体上的电阻应变计产生应变，应变计连接成的桥路失去平衡，从而产生了电信号。该电信号的大小与物体的重量成正比，在最大称量时通常为 20～30mV。该信号经前置放大器放大，再经二级滤波器滤波后，加到模数转换器将模拟量变成数字量，再由 CPU 微处理器进行处理后，使显示器显示出物体的重量。

3. 电子汽车衡的技术要求

1）基本技术要求

（1）产品名称、规格型号、制造厂名、出厂编号、最大称量、检定分度值、准确度等级、制造许可证标记与编号和检定印记等标志，必须清晰可见，不得缺失。

（2）必须保证温度在 - 10 ~ 40℃之间，湿度不大于 90% 且电压为 AC220V ± 10%，频率 50Hz ± 2% 等环境条件，否则将对电子汽车衡的正常工作造成影响。

2）基本参数和允许误差

电子汽车衡的基本参数应符合准确度等级（四级）秤的规定。

电子汽车衡的允许误差应符合规定的允许误差。允许误差适用于加载和卸载。数字示值可采用增添小砝码的方法进行化整，然后求出示值误差。

3）秤台的技术要求

（1）承重梁在最大安全载荷下不得发生永久变形，其微小弯曲不得影响秤的计量功能。

（2）秤台在称重过程中不得发生靠擦现象，且与基础框边之间应有 10 ~ 15mm 的间隙。

（3）秤台机构稳定可靠，承重台板平整，无凹凸不平现象。

4）称重显示控制器的相关技术要求

（1）电子汽车衡的称重显示控制器应设有去皮功能，皮重准确度为 ±0.5d。

（2）电子汽车衡的称重显示控制器的调零和零

点跟踪装置总效果不大于称量的 4%。调零后零点偏差对称量结果的影响不大于 0.25d。

（3）称重显示控制器的数字显示稳定时间大于 5s。

（4）显示器文字符号字迹清晰完整，各种开关、按钮操作灵活可靠。

（5）分度值必须等于以下形式之一的千克数：1×10^k、2×10^k、5×10^k，k 为正、负整数或零。

（6）称重显示控制器应符合有关国家标准和相关检定要求。

5）打印机的技术要求

打印机打出的文件应字迹清晰完整、无缺损，置值须有法定计量单位符号。打印值与显示值应一致。

6）称重传感器的技术要求

称重传感器应符合有关国家标准和检定规程的要求。称重传感器的上下连接部件牢固、稳定、安全、可靠。以数字式防爆电子汽车衡为例：

（1）柱式数字传感器不少于 8 个。

（2）传感器防护等级达到 IP68。

（3）密封方式：采用胶封或激光焊接。

（4）传感器采用手工贴片或机械贴片。

（5）传感器采用合金钢或不锈钢。

（6）传感器的应变片可采用进口或国产。

（7）传感器安全过载达到 150% FS。

（8）具有防二次雷击功能。

7）基础

（1）基础应严格按图纸施工。

（2）基础不得有剥落、裂纹、蜂窝等影响强度的缺陷。

（3）秤台进出口两端应有约等于台面长度的平

直通道。

（4）秤台应稍高出地面约100mm。

（5）对于有基坑的电子汽车衡，在基坑内应有良好的排水和照明系统，以利于维修保养和检查调整。

（6）秤房设置合理，便于瞭望来往车辆，并能监视称重状况。

电子汽车衡应具有超载报警指示功能，其最大安全载荷为120%。

4. 电子汽车衡的安装

电子汽车衡的安装首先应该根据承重台尺寸、技术要求和当地环境地质情况，设计建造基础，基础两端有不小于承重台长度1/2的平直段，承重点高度一定要在一个水平面上，并且基础最好高于地面，以便于排水。

1）承载力对基础的要求

要根据不同地区、不同情况施工，各承重点承载力必须大于计量过程中可能出现的最大超载荷量。电子汽车衡安装后占地长度大，所以选址时一定要避免车辆上下时形成急转弯，尽可能使车辆直上直下，否则将影响车辆上下安全并影响电子汽车衡的计量性能和使用寿命。电子汽车衡的基础应设计为一个整体结构，基础要夯实，要保证基础有较大的承载力，承重点高度一致。基础建造过程中，最好几个承重点建筑结构在一个总体上，一般情况下，也可以将两个承重点建筑在一块混凝土基础上，每块基础的承载力在受力情况下，绝对不能产生单独下沉的变化。

2）传感器基础板的安装

传感器基础板安装处应预留出预留孔。首先，先将地脚螺栓用混凝土按基础图的技术要求固定，用螺母将单块基础板调整至图纸要求，再用不收缩混凝土将基础板底部完全充实，不得留有空隙。

3）承重台的吊装

安装电子汽车衡时，应考虑承重台的节数，并按照其结构合理选择安装每节的顺序。吊装前，首先在基础之上垫上高于千斤顶的垫板，以便随后安装传感器。

4）称重传感器的安装

承重台吊装完毕后，用千斤顶将其顶起，在基础板和承重台之间安装传感器。称重传感器安装过程中，应将压头和称重传感器在基准面平衡垂直的位置上，以避免侧向力的影响。

5）承重台摆动的限制

电子汽车衡必须限制载重车辆上承重台而引起的承重台的摆动量，以确保计量准确。调整涂抹黄油后的纵、横向防撞螺栓，使其同止动板（限位架）间隙为 $2 \sim 3mm$，承重台在水平上能自由摆动。

5. 电子汽车衡的调试

安装后，检查秤体的各个部位连接是否完好，秤体与四周护边铁间距为 $10 \sim 15mm$。调试前，须先接通电源预热30min，并尽量用载重量接近最大称量的车辆，往返多次通过和在承重台上急刹车，用力矩扳手拧紧各称重传感器高强度螺栓。

（1）用数字电压表依次测量各个称重传感器的输出电压，如存在不一致，可分别调整接线盒中相应两只精密可调电阻，以减少相互间差异量。但调整量必须注意，两只可调电阻的旋转方向要一样，旋转量也要一样，顺时针转动时其电阻减小，输出电压变大，显示值增加，否则反之。直至调整到各只称重传感器输出一致。

偏载测试，一般用 $1/(n-1)$ 最大称量的砝码（n 为传感器数量），依次放至各只称重传感器的承重点上，并用加差砝码准确测出各只称重传感器输出的差异量，分别调整各个承重点称重传感器相应的两只精密可调电阻，保证旋转方向和旋转量也一样。

（2）承重点调试好后，将接近于最大称量的砝码均匀地加到承重台上，按照各种称重显示器的说明书所介绍的位置和方法，使显示值与砝码值一致后，取下砝码，并确认空秤显示为"0"即可。最后，将最大称量分为若干份一次卸载，其中须包括该秤的最小称量、最大称量及允差改变的各个称量点，要求各点的称量误差不大于各称量点的最大允差要求。

（3）参考称重显示器使用说明书（专业技术手册），检查各种功能键的正确性，提高电子汽车衡的称量准确度。

电子汽车衡的安装与调试工作，是一项复杂、环环相扣的过程，任何一个环节出了错误，都无法实现汽车衡的正确计量，所以一定要谨慎细心。

6. 电子汽车的衡使用

（1）汽车应匀速上秤台，速度不能超过 5km/h。严禁在秤台上急刹车，一定要做好限速标志。

（2）每次车辆上秤台前先观察仪表显示是否为毛重零。打印或记录数据前观察仪表显示是否稳定。

（3）汽车衡安装时选址应尽量避免在公用通道上，非计量的车辆禁止高速通过秤台。

（4）当秤台上有车辆时不允许仪表断电，如临时断电，在恢复供电后应让汽车下秤台，等仪表恢复零点后再重新上秤台计量。

（5）秤台上严禁电焊作业或将秤台作为地线使用。

（6）春季及夏季应做好防水工作，无基坑的汽车衡接线盒内放置干燥剂；浅基坑汽车衡基坑内应保证下水道、排水管道畅通。

（7）冬季温度较低时，仪表通电 20min 再计量。

（8）食品加工或粮食行业的汽车衡应做好防鼠工作。当电缆线断裂后接头处做好防水工作，电缆线用金属软管套接。

（9）每次计量的汽车载重不得大于最大称量，但也不应小于 $20d$ 的最小称量。

（10）操作人员不要让未接受过培训的人员操作仪表。

（11）下班应切断所有称量设备的电源。严禁车辆在秤台上长时间停留或过夜。

四、电子轨道衡

电子轨道衡是用于铁路各种车辆及对其载重物体进行静态或动态称量的装置。它能在货车联挂并以一定运行速度通过秤台时，自动称出每节货车的质量，并自动显示和打印质量数据和货车序号，也可累积总质量。同时可将信息传输给微处理机，经集中处理后，供综合管理和运销指挥运用。由于它的称重速度快、效率高，不仅可以减少车辆的占用时间，提高车辆周转率，而且可以减少操作人员，减轻劳动强度。

在保证动态称量准确的前提下，动态轨道衡计量准确度一般为 1% ～0.2%，静态计量准确度一般为 0.2%。在动态时每称一节车皮需要时间最多 17s，静态电子轨道衡则需要时间 2～3min，两者相差近 10 倍。因此，动态轨道衡的应用得到了较快发展。

电子轨道衡在称量货车的同时，也可用于检查货车是否偏载。当偏载严重时能及时发出报警信号，确保铁路运输安全，防止因偏载造成出轨等事故。

图 2 - 24 电子轨道衡

（图片来自 www. mtchina. com）

1. 电子轨道衡的结构及工作原理

1）电子轨道衡的基本结构

如图 2 - 25 所示，电子轨道衡由秤台系统（包括主梁、高度调节器和限位器）、称重传感器、测量和数据处理系统三大部分组成。此外，还有将列车引向电子轨道衡的引轨部分，其中显示和数据处理系统在操作室内。

2）电子轨道衡的基本工作原理

（1）主梁。

主梁是直接承受车辆重量的部件，必须有足够的强度。梁体为变截面或等截面箱体梁，由厚钢板焊接而成，焊接后应进行整体退火，清除焊接应力，再进

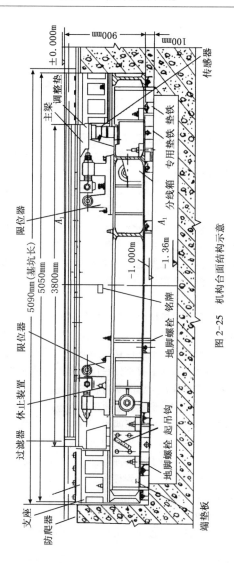

图 2-25　机构台面结构示意

行精加工，这样处理后的梁体长期使用不变形。

梁体上面开有横向斜度为 1:40 的纵向槽，槽上装有台面钢轨，用压板与梁体压紧。每个称量台面装有两个主梁，这些主梁大多数为独立支撑的，在有的轨道衡里是连在一起的。

（2）称重传感器。

作为轨道衡的心脏，称重传感器是主梁的着力点，是力电转换元件，它的性能直接影响设备的计量准确度和稳定性。

应变式称重传感器的基本原理是基于弹性体在一定外力（重量）作用下发生弹性变形（应变），使粘贴在弹性体上的电阻应变片随之变形，而使其阻值发生变化。如果把这些应变片按一定方式接成电桥，并加上电压做成测量桥路，根据桥路输出电压的变化量，就能测出被称物体的重量。

（3）限位器。

限位器是对机械台面起作用的阻尼元件。它能使机械台面在列车经过时不产生纵向、横向的位移，但不能妨碍台面生产上下位移，因为上、下位移可以使限位器在竖直方向上有充分的自由度，同时不产生水平分力，以保证各传感器受力状态正确。

限位器有多种形式，在轨道衡中应用较广泛的是钢球限位器和拉杆限位器两种。

限位作用是靠一个淬硬的钢球来实现的。该钢球靠调整螺杆顶一块淬硬的钢板而紧靠在主梁上（主梁的相应位置也有一块淬硬的钢板），调整螺杆的位置由双重锁紧螺母加以固定。钢球由一个托球胶管托住，保护胶管，起着防尘的作用。当主梁有上下活动时，钢球在两块钢板间作滚动，阻力很小，不致影响称量。

拉杆限位器常用于静态电子轨道衡，结构比较简单，一根直径30mm的两端头带螺纹的拉杆，一头连着主梁，一头连着拉杆座，每一头都有锥形垫圈。它们的作用在于自动调整拉杆的位置。

（4）升降主梁装置。

升降主梁装置又称休止装置，作用相当于一个千斤顶。当传感器因某种原因需要更换时，必须将轨道衡上的主梁顶起，这时就需要升降主梁装置对其进行撑顶。

（5）过渡器。

为了减少称重时由线路振动所造成的误差，使车辆进入台面前的振动减至最小，就需要使用过滤器装置对其进行过滤。过渡器过渡性能良好，能够直接影响计量的准确度。过渡器的车轮压痕应光滑、水平，并且间隙适中。过渡器是易损件，需经常检查更换。

（6）底座。

为了保证底座长期使用不变形，在制作中应用型钢焊接，并在焊接后整体退火，经过精加工而成。称重台面的所有部件都安装在这一底座上。

（7）防爬器。

轨道衡两端整体道床的铁路线上必须安装防爬器，以防止铁轨由于热胀伸长将轨道衡台面板顶死，影响衡器使用。

（8）称重显示仪表。

这里只着重阐述电子动态轨道衡电气控制部分。电子动态轨道衡应有一套完善的逻辑控制系统，一般逻辑控制系统的信号采用有开关（硬件方式）或无开关（软件方式）方式获取。

2. 电子轨道衡的计量方法

1) 轴计量方式

每次称量一根车轴对应一组车轮的重量，然后将每节车辆4根车轴对应4组车轮的重量相加，得到每节车辆的重量，这就是轴计量方式的电子轨道衡。但是，值得注意的是，采用轴计量单位，由于在轨道衡台面上只允许容纳一根车轴的一组车轮，不允许同时容纳两组车轮，因此轴计量电子轨道衡的台面长度应小于或等于轴距。

2) 转向架计量方法

每次称量一个转向架对应两组车轮的重量，然后将每节车辆前后两个转向架对应4组车轮的重量相加起来，得到每节车辆的重量，这就是转向架计量方法的电工轨道衡。但是，值得注意的是采用转向架方法，由于在电子轨道衡台面上，一次只允许容纳一个转向架对应的两组车轮，不允许相邻转向架的车轮同时进入台面，因此转向架计量电子轨道衡的台面长度应小于或等于轴距加被称车辆（钩距减全轴距）的一半加相邻车辆（钩距减全轴距）的一半的最大值。因此转向架计量电子轨道衡台面长度选用3.6m。

3) 整车计量方法

整车计量方式的电子轨道衡，每次称量一节车辆的重量。采用整车计量方法的电子轨道衡的台面长度应大于车辆前后轮之间的距离，小于车辆总长度加上前后相邻车辆转向架的一。

上述三种计量方法各有优缺点。从承重台面结构形式来看，轴计量方法最简单易行，台面短、耗材少、加工容易、安装方便、适应性强。转向架计量方式次之。整车计量方式的双台面、三台面结构较复杂，而且适应性也差。但从提高称量准确度来看，整车计量方式最好，转向架方式次之，轴计量方式最差。因为转向架计量和轴计量都采用分解计量方式，只有在称重过程中货车重量分配于各车轮的比例关系固定不变时，才能保证称重结果的正确性。实际上，由于钢轨的起伏不平，引道轨和台面轨在重载下弹性下沉、车钩作用力变化、车轮不圆、车体振动等因素的影响，造成在称重过程中货车重量分配于车轮的比例关系随时都在变化，使不同瞬间称得的结果不完全相同，带来一定的误差。尤其在称量装载液体物质的罐车时，由于车体的振动，使罐内液面晃动，使各车轴的重量分布随时都在变化，这就有可能造成较大的称量误差。因此，倘若要准确地称量每节车的重量，则整车计量方法是最好的方法。

3. 电子轨道衡的使用与维护

电子轨道衡除定期检修调整和计量性能检定外，还要进行经常性的维护保养，以保证其计量的准确可靠及称量列车能够安全地通过台面。

1）电子轨道衡的使用

（1）称量显示控制仪表与称重传感器在使用前应有足够的预热时间（30min），带恒温装置的称重传感器则应保持长期通电。

（2）电子轨道衡的总重（计量列车与装载物之和）不得超过电子轨道衡的最大称量。

（3）计量列车通过秤台时不得在秤台上加速和制动，非计量列车不得通过秤台。

（4）使用前必须确保秤台灵活、各配套仪器相互连接正确、接插件连接牢固、电源电压符合相关规定。

（5）计量列车通过后应及时检查称重显示控制仪表回零情况，确认称量数据，并将打印记录整理好。

（6）使用中发现电子轨道衡有异常或失准现象，应立即停止使用，切断电源，及时通知检修人员检查修理，不得随意拆卸以免发生意外。修复经检定合格后再使用。

（7）司秤房内应配备安全消防设施。

（8）带有自检自校系统的电子轨道衡，每天应进行一次自检自校工作，减少误差，保证称量准确度。

（9）使用完毕后，应将电子轨道衡开旋钮拨至关闭位置，并切断电源。

（10）安装调试后的电子轨道衡必须经有关计量部门检定，取得计量检定合格证书后方可投入使用。电子轨道衡的检定按照国家检定规程 JJG 781—2002《数字指示轨道衡检定规程》和国家检定规程 JJG 234—1990《动态称量轨道衡检定规程》进行检定。一般检定周期为一年。

2）电子轨道衡的维护保养

（1）秤台和各零部件上的灰尘、泥土等杂物必须经常清扫，秤台四周与基坑之间不得有异物卡入，保持秤台灵活。

（2）保持秤台的高度与水平，控制秤台的水平位移量，保证台面不得有过大的下沉。

（3）保持限位装置的清洁、润滑，定期进行检查和调整，保证其处于正常位置和良好的工作状态，即控制秤台水平位移量又不影响称量的灵敏度与准确度。

（4）严格按照操作规程进行操作，不得随意摆弄仪表开关、按键和接插件等，以免损坏机件。

（5）应配备专职司秤员操作电子轨道衡。

（6）对于秤体与引道轨各连接零部件，应经常检查并紧固。特别是过渡器与引道轨，更要经常检查和调整，以保证其相接部位能平稳过渡，不会出现靠擦现象。

4. 电子轨道衡岗位操作程序

开机前注意事项：检查电源电压是否正常；必须在过衡前 30min 开机，这样才能使系统处于良好的工作状态。

1）开机程序

（1）打开操作台后面的电源钥匙开关。

（2）打开操作台电源开关。

（3）打开计算机主机开关。

（4）打开显示器开关。

（5）装入磁盘。

（6）打开供桥电源箱开关。

（7）打开打印机开关。

2）关机顺序

（1）关闭打印机开关。

（2）关闭供桥电源箱开关。

（3）关闭显示器开关。

（4）关闭计算机主机开关。

（5）关闭操作台电源开关。

（6）取出磁盘。

第十节　流量计计量

一、容积式流量计

容积式流量计又称为定排量流量计，它在流量测量仪表中是准确度较高的一种。容积式流量计是利用机械测量元件把流体连续不断地分割成单个已知的体积部分，并重复不断地充满和排放该体积部分的流体而累加计量出流体总量的流量仪表。容积式流量计内部有构成标准体积的空间，通常称其为"计量空间"或"计量室"。容积式流量计在测量时，其测量时间间隔是任意选取的，所以常用容积式流量计计量累积流量，而一般不用其测量瞬时流量，它是一种累积流量计。

图2-26　容积式流量计

（图片来自 www.qctester.com）

容积式流量计的结构形式有很多。根据其测量元件的结构特点划分，主要有以下几种：椭圆齿轮流量计、腰轮流量计、双转子流量计、刮板流量计、活塞流量计、膜式气体流量计、湿式气体流量计等。容积式流量计的"计量空间"由运动部件和仪表壳体组成。当流体流过流量计时，运动部件在仪表进出口流体差压的作用下运动，并将流体一次次地充满"计量空间"，而后将其从进口送到出口。

如果运动部件每循环动作一次，从流量计内送出的流体体积为 V，流体流过时运动部件动作次数为 N，则 N 次动作的时间内通过流量计的流体体积是：

$$Q = NV$$

从上述公式可以看出，由于"计量空间"是固定的，所以只要记录运动部件的动作次数 N，就可以得知通过流量计的流体量。运动部件的动作通过机械传动机构传至计算器或通过气、电发讯器输出信号传至显示仪表以得到流体计量数量。

容积式流量计使用历史悠久，使用范围广。它被广泛地应用于原油、汽油、柴油、液化石油气等流体流量的测量中。

一般来说，容积式流量计主要有以下几种类型。

1. 椭圆齿轮流量计

它是应用广泛的容积式流量计，其测量部分主要是由两个互相啮合的椭圆形齿轮组成，它们和壳体、底盘组成一定容积的计量室。齿轮是靠流量计出入口处的压差产生的力矩而使其转动的。当其转动时，就可将一定体积的液体不断排出而进行计量。

椭圆齿轮流量计是现场累计仪表，具有结构简单、使用可靠、精准度高、压力损失小、受液体黏度变化影响较小，量程范围大，安装使用维修方便等优点，因此被广泛应用于石油、化工、油脂罐品等行业。

2. 腰轮流量计

腰轮流量计又称罗茨流量计，是一种应用广泛的容积式流量计。其测量部分由一对表面光滑的"8"字形转子（腰轮）和测量室组成。可以用来计量液体或气体的流量。从结构形式看，腰轮流量计有立式和卧式两种。腰轮流量计由计量、密封连接和计数器三部分组成。

一般来说，腰轮流量计的主要有如下优点：

（1）计量准确度高，可以达到 0.2 级，作为贸易交接计量用。

（2）噪音小，腰轮靠转子外的齿轮相互驱动，所以噪声远比椭圆齿轮流量计小。

（3）体积小，重量轻。

（4）结构简单，牢固，耐用。

（5）运行安全可靠，安装、使用、维修方便。

3. 刮板流量计

刮板流量计属于容积式流量计中的一种，在原油的计量中应用较多，主要用于管道液体流量计量。刮板流量计按结构不同可分为凸轮式和凹线式刮板流量计两种，一般都由流量计主体、连接部分和表头（显示器）组成。

一般来说，刮板流量计具有如下优点：

（1）精准度高，压损小。刮板的特殊运动轨迹使被测液体在通过流量计时完全不受干扰，不产生涡流，不改变流态，从而有效地提高了精准度、降低了压力损失。

（2）适应性强，对于不同黏度以及带有颗粒杂质的液体均能进行准确计量。但值得注意的是当固体颗粒过大时，必须在流量计上游侧安装过滤器，并定期清洗，确保计量结果的准确性和仪表的正常使用。

（3）振动和噪声很小。

此外，刮板流量计还具有性能可靠，故障率低，使用寿命长等优势，因此应用广泛。

二、速度式流量计

通过测量管道内介质流动速度得到其流量的测量方法，称为流量的速度式测量方法。这种方法是目前流量测量的主要方法之一。利用此原理测量流量的仪表被称为速度式流量计。

速度式流量计种类很多，有涡轮流量计、涡街流量计、旋进漩涡流量计、电磁流量计、分流旋翼流量计等。其中涡轮流量计是主要的、在石油计量中应用广泛且有发展前景的流量测量仪表。

1. 涡轮流量计

涡轮流量计又称透平流量计，是在螺旋式叶轮流量计的基础上发展起来的一种应用广泛的速度式流量计。它通过测定置于流体中的涡轮的转速来反映流量的大小。

涡轮流量计由涡轮流量变送器（包括前置放大器）和流量显示仪组成，可实现瞬时流量和累积流量的计量。

涡轮流量变送器由叶轮组件（涡轮）、带前置放大器的磁电感应转换器、壳体等元件组成，如图 2 - 27 所示。

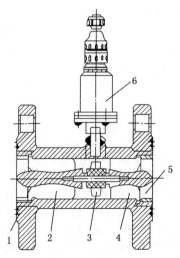

图 2 - 27　涡轮流量变送器

1—壳体组件；2—前导向架组件；

3—叶轮组件；4—后导向架组件；

5—压紧圈；6—带前置放大器的磁电感应转换器

涡轮流量传感器的测量部件为高导磁材料制成的涡轮，带有螺旋形叶片。传感器壳体用非导磁材料制成，上装有永久磁钢和感应线圈组成的磁电转换装置，把涡轮由流体推动的转数转换成电脉冲信号进行计量。涡轮传感器发出的电脉冲信号经前置放大后可根据需要配置各种功能的显示仪表。

一般来说，涡轮流量计具有如下优点：

（1）体积小、重量轻、耐高压、耐高温、压力损失小。

（2）准确度高、量程宽（最大流量和最小流量比通常为 6∶1 ~ 10∶1，适用于流量大幅度变化的场合），惯性小、反应快（时间常数为 1 ~ 50ms，有利于测量脉动流量）。

（3）适应性强，便于远距离传送和数据处理。变送器的输出是与流量成正比的脉冲信号（即数字信号），所以通过传输线路不会降低其准确度，因此在远距离传送和数据处理中应用比较广泛。

（4）内部清洗简单，既使发生故障，也不会影响管道内液体的输送。

2. 旋涡流量计

旋涡流量计，是利用卡门涡街原理测量流量的流量计。20 世纪 70 年代末才制造出这种产品，国内投放市场以来深受广大用户欢迎。它是一种速度式流量计，输出信号是与流量成正比的脉冲频率或标准电流信号，可远距离传输，并且输出信号仅与流量有关，不受流体的温度、压力、成分、黏度和密度的影响。

旋涡流量计的工作原理是：在流动的流体中插入一根其轴线与流向垂直的非流线型断面的柱体时，其下游就会产生两排内旋的、相互交错的旋涡列。

一般来说，旋涡流量计具有如下优点：

（1）结构简单，安装牢固，无可动部件，可靠性高，适用于长期运行。

（2）安装、使用、维修都很简便。

（3）检测传感器不直接接触被测介质，性能稳定、寿命长。

（4）压力损失较小，运行费用低，具有节能效果。

（5）应用范围广，蒸汽气体、液体的流量均可测量。

（6）测量范围宽量程比大，可达 30：1～100：1，耐受温度也较高，可达 500℃。

三、质量流量计

质量流量计由于能直接显示被测流体的质量，不需要考虑温度、压力、黏度、密度等参数的影响而进行修正或换算，大大提高了质量计量的准确度，因而受到广大用户的欢迎。

1. 质量流量计的原理分析

质量流量计的工作原理是依据牛顿第二运动定律，即力＝质量×加速度（$F = ma$）制成的。仪表的测量管在电磁驱动下，以它固有的频率振动，如图 2－28a所示。液体流过测量系统时，流体被强制接受管子的垂直动量，与流体的加速度 a 产生一个复合向心力 F，使振动管发生扭曲，即在管子向上振动的半周期，流入仪表的流体向下压，抵抗管子向上的力，如图 2－28b 所示，流出仪表的流体则向上推，两个反作用力引起测量管扭曲，如图 2－28c 所示，这就是科里奥利效应。测量管扭曲的程度与流体的质量流量成正比，位于测量管两侧的电磁感应器用于测量上、下两个力的作用点上管子的振速度，管子扭曲引起两个速度信号之间出现时间差，感应器把这个信号传送到变送器，变送器对信号进行处理并直接将信号转换成与质量流量成正比的输出信号。

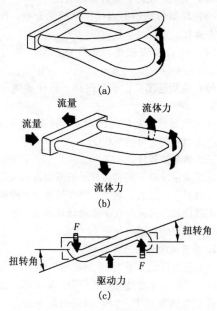

图 2-28　质量流量计

2. 质量流量计的优点

质量流量计组态灵活，功能强大，性能价格比高，精准度强，因而是一种新一代流量测量仪表。

（1）仪表的压力随流量的增大而增大，在仪表选型时应给予充分的考虑。

（2）安装时要注意克服应力和振动对仪表的影响，要留有一定的安装直管段。

四、超声流量计

超声流量计是 20 世纪 70 年代随着电子集成电路技术迅速发展而开始得到实际应用的一种非接触式仪表。它具有如下四大特点：

首先是超声流量计的测量范围宽。

其次，它对测量介质几乎没有什么要求。超声流量计不仅可以用来测量液体、气体，甚至对双相介质的流体流量也可以测量。由于超声流量计是非接触式测量仪表，所以在测量中它不破坏流体的流场，没有压力损失，并可以解决其他类型流量计难以测量的强腐蚀性、非导电性、放射性物质的流量测量问题。

再次，它的流量测量准确度几乎不受被测流体温度、压力、密度、黏度等参数的影响。

另外，它解决了大管径、大流量等测量困难的问题。因为一般流量计随着管径的增大会带来制造和运输上的困难，而且造价提高，安装不便。这些问题超声流量计均可以避免。

超声流量计的测量原理是通过发射换能器产生超声波，超声波以一定的方式穿过流动的流体，然后通过接受换能器将超声波转换成电信号，并经信号处理反映出流体的流量。

超声流量计是一种工作性能发挥与现场安装使用有极大关系的流量仪表，因此只有创造必要的现场工作条件，并对仪表进行正确的安装调试，才能保障仪表的正常工作和准确计量。

在超声流量计的使用中，应该着重注意以下两个问题。

1. 创造仪表正常工作所需要的现场条件

（1）在仪表上游的管道上设置排气阀。如果管道中的气体占据管道有效截面积，就会使流量测量产生误差；如果管道中气体过多，会使超声波发生散射而使仪表不能工作。因此，在仪表上有安装排气阀是必要的。

（2）应该有足够长的表前直管段。

（3）管道几何尺寸精确，管内结垢不能太厚。因为由流量与管径的关系可知，管径1%的误差，就会产生约3%的流量测量误差。因此，使用超声流量计时必须准确测量管道内径和壁厚。

2. 仪表的正确安装调试

仪表的正确安装调试对超声流量计的正常工作非常必要，因此要根据前面介绍的方法仔细安装换能器和显示仪表。

五、燃油加油机

燃油加油机是加油站的主要计量器具，如图2-29所示，是为机动车加注燃油的一种专业测量装置，它包括液体容积流量计、辅助装置和附加装置等。其基本功能是为机动车辆添加燃油，同时对所加

图2-29　燃油加油机
（图片来自 www.jxfuxing.com）

燃油进行计量,以便进行贸易结算。

1. 燃油加油机的工作原理

燃油加油机在电机的作用下启动油泵,使油罐内的燃油通过与燃油加油机连接的油管进入油泵,然后进入油气分离器排出影响计量的气体再经计量器计量。此时一方面燃油通过视油器及加油枪进入受油容器,另一方面计量器指示加油机计数装置记载,并显示输出燃油的数量及其他数字,直至这一过程结束。

2. 燃油加油机的基本装置

(1)液体容积流量计。用于连续测量、累计和显示测量条件下,流经测量变换器的液体体积的仪表,它包括测量变换器、计数器(包括调整或修正装置)和指示装置。

(2)测量变换器。是指提供与输入量有给定关系的输出量的测量器件。作为液体容积流量计的一个组成部分,其功能是将被测流体的流量转换成机械的或信号的,传输给计数器。

(3)计数器。计数器可以用来显示产品的工作状态,一般主要用来表示产品已经完成了多少份的折页配页工作。工业用的计数器又分为通用计数器、时间计数器、多功能计数器和电磁计数器等。

(4)指示装置。液体容积流量计中能连续显示测量结果的部件。

(5)辅助装置。是用以实现加油机特殊功能的设备,主要有回零装置、打印装置、累计量指示装置、付费金额指示装置、预置装置等。

(6)调整装置。是设置在测量变换器中或在计数器中的可以用来调整加油机示值误差的机构。

(7)预置装置。在测量前根据需要选定被测量,并且当被选的量计量结束时,能自动停止液流的装置、预置量可以是被测液体的体积量或付费金额。

（8）附加装置。是为了保证测量的正确性或简化测量操作步骤而专门设置的部件。主要有：油气分离器、视油器、油枪、泵、过滤器、软管、阀等。

3. 燃油加油机主要部件及其作用

1）流量计（计量器）

流量计（计量器）是加油机最重要的部件，它最基本、最重要的指标是计量准确度。加油机中常见的计量器为金属活塞型计量器。按测量原理分，计量液体总体积量的流量计称为液体容积式流量计。容积式流量计利用机械测量元件把流动的液体连续不断地分割（隔离）成单个的体积部分，从而计量液体总体积量。

测量准确度较高，测量液体时可达 0.2%，这是容积式流量计的优点。被测介质的黏度变化对仪表示值影响较小，仪表的量程比较宽，可达 10:1。缺点是传动机构较复杂，制造工艺和使用条件要求较高。例如，被测介质不能含有固体颗粒状杂质，否则会影响仪表正常工作。

2）计数器

计数器是由测量变换器的输出信号转变成的数字信号进行计数的。有的也可将计数结果储存在寄存器中，以备调用。

目前，计数器有两类，一类是电子（或电脑）计数器，常用数码管（或液晶、荧光屏、磁翻版等）显示。电子计数器一般都采用电子线路或单片机实行计数和控制，通过按钮（或键盘）进行操作。另一类是机械计数器，用字轮排列显示计数的结果。

3）油泵

燃油加油机的动力部件是油泵。在燃油从油罐吸入到受油容器的过程中，为保证燃料的平衡性，要求泵的进口真空度应不小于 54kPa，最高工作压力应不大于 0.3MPa。当计量高黏度液体时，若泵的入口压力降低至低于大气压或液体的饱和蒸气压时，可能吸入的空气或分解气体不应超过规定的值，否则应立即停止计量的操作。泵的噪声应不大于 80dB（A 声级）。

（1）叶片泵。

叶片泵是转子槽内的叶片与泵壳（定子环）相接触，将吸入的液体由进油侧压向排油侧的泵，是一种将机械能转化为液压能的能量转换装置。叶片泵由叶片泵及溢流阀两部分结合而成。叶片泵的优点是脉动小、噪声低。叶片呈放射性安装的旋转机架由发动机或电机驱动。固定环的性状是圆形的，并装在离心位。离心率决定泵的排出量。当离心率减至零，泵的排出量为 0，这时泵不会传递液体。

叶片泵的管理要点除需防干转和过载、防吸入空气和吸入真空度过大外，还应注意：

①泵转向改变，则其吸排方向也改变。叶片泵都有规定的转向，不允许反转。可逆转的叶片泵必须专门设计。

②叶片泵装配、配油盘与定子用定位销正确定位，叶片、转子、配油盘都不得装反，定子内表面吸入区部分最易磨损，必要时可将其翻转安装，以使原吸入区变为排出区而继续使用。

③拆装注意工作表面清洁，工作时油液应很好过滤。

④叶片在叶槽中的间隙太大会使泄漏增加，太小则叶片不能自由伸缩，会导致工作失常。

⑤叶片泵的轴向间隙对 η_v 影响很大。小型泵为

−0.015 ~ 0.03mm，中型泵为 −0.02 ~ 0.045mm。

⑥油液的温度和黏度一般不宜超过 55℃，黏度要求在 17 ~ 37mm²/s 之间。黏度太大吸油困难，黏度太小则泄漏严重。

（2）齿轮泵。

齿轮泵是一种依靠泵缸与啮合齿轮间所形成的工作容积变化和移动来输送液体或使之增压的回转泵。它由本体、内齿轮组合件、外齿轮组合件、密封装置、安全装置、溢流阀等几部分组成。其工作原理与叶片泵相近。

（3）潜油离心泵。

将潜油离心泵是多级离心泵，主要由多级离心叶轮、导壳、泵轴泵壳体和上下接头等组成。

将潜油离心泵直接放在油里，靠正压把油从罐中推到地面加油机上，扬程可达 30m，且不存在汽化现象，因此设计油站时可把油罐放得更深更远。另外，潜油离心泵因放在油中利用油品作润滑剂从而减少磨损，机体又有油冷却故温升很低，所以故障少，寿命也可大大延长。在实际工作中潜油离心泵的泄漏和噪声也是很低的，从而减少了对环境的污染。

潜油离心泵的主要特点：

（1）一台潜油泵可供应多支加油枪。

（2）可用于汽油、柴油、煤油及混合燃料。

（3）具有过热自我保护功能。

（4）油品输送距离远大于自吸式油泵。

（5）结构紧凑、噪声低。

（6）具有油气分离功能。

（7）维修简单。

因此，现在正被很多加油站采用。

4）油气分离器

油气分离器是把油井生产出的原油和伴生天然气分离出来的一种装置。油气分离器置于潜油离心泵和保护器之间，将井液中的游离气体与井液分离，液体送给潜油离心泵，气体释放到油管和套管环形空间。油气分离器有单浮子式和双浮子式两种，目前绝大多数加油机采用的是双浮子式油气分离器。

5）油枪

作为加油机油路系统的终端，油枪是向受油容器注油的工具，因此要求油枪具有良好的密封性能，操作灵活、方便，供油量稳定、可调，压力损失小并且使用安全可靠。油枪一般与加油机配套使用。根据加油机规格不同，油枪的规格也不同。常用的有最大流量 60L/min 和 90L/min 两种规格。对于 60L/min 加油机使用的油枪，其出口通径一般为 19mm。

油枪根据其结构特点，有普通油枪和自动关闭油枪两种。

4. 燃油加油机的技术要求

1）铭牌

加油机应有铭牌，上注明：制造厂名；产品名称及型号；制造年、月；出厂编号；流量范围；吸程；最大允许误差；最小被测量；电源电压；CMC 标志及制造许可证编号。

2）流量计

（1）测量变换器和指示装置之间的连接。对于机械指示装置，测量变换器与指示装置之间的传动应是刚性的，无相对滑动，无松动现象。

（2）对于电子指示装置，测量变换器与指示装置之间的信号传输应可靠。

（3）测量变换器与指示装置之间的连接部分，

以及可改变准确度的其他部位均应有可靠的封印机构，以保证指示装置的指示值是测量变换器的输出值。

3）计数器

（1）各转动、移动部件运动应灵活，无卡滞，进位应准确可靠。

（2）回零过程中应保持累计结果不变。

（3）付油结束时，字轮不应有冲字现象。

（4）电子计数器设有调整装置时，应予以铅封或电子封印，不保留与用户的界面。

（5）电子计数器应配有应急电源，当主电源发生故障，油液中断流动时，应将测量结果显示在指示装置上，使之有足够时间处理当时的计量交接。

4）体积量指示装置

（1）不管指示装置安装在什么位置，主示值的读数应正确、易读、不含糊。有几个元件组成的指示装置，被测体积的读数可由不同元件的简单并列给出，十进符号应显示清楚。

（2）示值的刻度间隔应以 1×10^n、2×10^n、5×10^n 法定计量单位给出，其中 n 是正、负整数或零，计量单位符号应靠近示值。

（3）规定的最小体积变量应相当于标尺上 2mm 的值或刻度间隔的 1/5，两者取较大者。

（4）当有 2 个以上指示装置指示被测体积值时，则各指示装置显示的示值之差，应不超过 1 个刻度间隔。

5）调整装置

流量计可以配备一个调整装置，允许以简单的指令修改经流量计的液体指示体积和实际体积之比值。对已调定的比值，应有可靠的保护措施，不能破坏封印或印记，不得随意更改比值，对于非连续手动调整装置，其相邻值之差不应大于0.0005。

6）支路旁路

流量计与油枪的连接管路不应有任何支路和旁路。

7）辅助装置

（1）回零装置。一旦开始回零操作，体积指示装置不得显示不同于刚刚测得结果的值，直到回零操作完成，回零后的剩余示值应不大于规定的最小体积变量之半。

测量期间，指示装置应不能回零，而且应在加油机上给出清楚可见的，禁止测量期间回零的指示。

（2）打印装置。打印装置的打印刻度间隔应以1×10^n、2×10^n、5×10^n法定体积单位或现行货币单位表示，n是正、负整数或零。对体积量打印间隔不应大于最小体积变量；对付费金额打印间隔不应大于最小体积变量相应的付费金额，但不得小于现行最小货币单位。

当打印装置和体积指示装置都有回零装置时，当它们中间一个回零时，另一个也应同时回零。

当一台打印装置与两台以上加油机配用时则它必须打印出相应的加油机的标记。

（3）付费金额指示装置。付费金额指示装置的回零和体积指示装置的回零应同步，当两个指示装置中一个回零时，另一个指示装置的示值也自动回零。

指示的付费金额与单价和体积示值计算的付费金额之差，不应超过最小付费变量。

（4）预置装置。在测量期间，预置量可以保持不变，也可以回到零。

预置装置应设有应急功能，必要时可以中断预置量的执行，停止流体流动。

8）附加装置

（1）油气分离器。油气分离器的最大流量应不小于加油机的最大流量，并能在规程规定的准确度范围内，排除混在油液中的空气和气体。

油气分离器排除油中空气或气体的能力，应满足下列要求：

①对黏度低于或等于1mPa·s的油液，空气和气体相对于油液的体积比不超过20%。

②对黏度高于1mPa·s的油液，空气或气体相对于油液的体积比不超过10%（只有在流量计工作的情况下，考虑这一百分比）。

（2）视油器。用于观察油液中空气或气体存在与否的视油器，应安装在流量计的下游，观察玻璃窗的玻璃应透明、清晰、无损坏。

（3）油枪。油枪可以是普通油枪，也可以是自闭油枪，油枪的操作应灵活，密封良好；在加油机工作压力下，应无泄漏现象。

（4）软管。加油机的软管应满足下列要求：软管应有良好的导静电性能，导静电的电阻不应超过$1 \times 10^3 \sim 1 \times 10^6 \Omega$。

第三章　安全管理和应急预案

第一节　安全管理
——消防基础知识

油库、加油站储存着大量易燃、易爆油品，一旦发生火灾，会严重地危害人民的生命和国家财产安全，造成严重的后果。因此，在油品储运过程中严格执行操作规范，采取切实的防范措施防止火灾外，油品计量工还需了解和掌握基本的消防知识。

一、油库、加油站火灾的相关知识

1. 石油产品火灾的三大特点

石油产品火灾通常具有如下三个特点：

（1）高热辐射性。石油产品火灾具有高热辐射性，一旦燃烧就迅速释放出大量的热能，热量的传导和辐射会危及临近物体，使燃烧的范围扩大。

（2）燃烧与爆炸交替发生。石油产品火灾往往表现为燃烧和爆炸交替发生的特点，这是由于燃烧过程中油气浓度不断变化，导致燃烧和爆炸不断相互转化，使火情不断扩大，增加了扑救难度。

（3）突发性。石油产品火灾具有强烈的突发性，火灾的发生就在瞬间。

2. 收发油作业区火灾的相关知识

收发油作业区是最容易发生火灾的场合。这是因为，各种人为因素影响和该场所产生爆炸浓度油蒸气可能性最大造成的。

3. 储油罐火灾的相关知识

绝大多数油罐火灾发生在油罐泵油过程中，由电火花引起爆炸而起火，这时候油罐中油品处于低或中液位。通常情况下，油罐爆炸以后罐顶被掀掉，罐内油面以上的部分的油蒸气层被点燃，火焰在油蒸气层中传播。火焰使表层油品加热，从而使油品迅速蒸发，油蒸气与空气作用从而使燃烧得以维持和加强。油罐大火在燃烧持续一段时间以后，其速度由增大逐渐变为稳定，然后随着液位下降燃烧速率逐渐减小。这个时候，如果不及时地扑救，则由于高温作用油罐将因失去承载能力而变形破裂，造成油品的流散，形成可怕的大面积火灾。

二、扑灭火灾的三大基本原则

灭火的主要目的是，迅速有效地扑灭火灾，最大限度地减少人员伤亡和经济损失。因此，在灭火的时候，操作人员必须运用好如下三个原则：

原则一，先控制，后消灭。该原则主要是指：对于不可能立即扑灭的火灾，要首先采取控制火势继续蔓延扩大的措施，在具备了扑灭火灾的条件时，展开全面进攻，一举消灭火灾。灭火的时候，应该根据火灾情况和自身力量灵活运用该原则，对于能够扑灭的火灾，要及时抓住时机，迅速将之扑灭。如果火势太大，灭火的力量相对薄弱，或者因其他原因不能扑灭时，就应该把主要的力量放在控制火势或防止爆炸、泄漏等危险情况发生上，为防止事故扩大，彻底消灭火灾创造有利的条件。

原则二，先重点，后一般。该原则主要是指：面对整个火场，操作人员要全面了解并认真分析，采取最有效的措施。如人和物比，救人是重点；火场的下风方向与上风、侧风相比，下风方向是重点；火势蔓延猛烈的方面和其他方面相比，控制火势猛烈的方面是重点；易燃、可燃物品集中区和这类物品较少的区域相比，这类物品集中区域是保护的重点；贵重物资和一般物资相比，保护和抢救贵重物资是重点；要害部位和其他部位相比，要害部位是火场上的重点；有爆炸、毒害、倒塌危险的方面和没有这些危险的方面相比，处置有这些危险的方面是重点。

原则三，救人重于救火。该原则主要是指：火场上如果有人受到火灾的威胁，灭火的首要任务便是把被火围困的人员抢救出来。运用这一原则，要根据火势情况和人员受火灾威胁的程度而定。在灭火力量较强时候，灭火和救人可以同时进行，但决不能因为灭火而贻误救人的好时机。在人没有被救出前，灭火往往是为了打开救人通道或减弱火势对人的威胁程度，从而更好地救人脱险，为及时扑灭火灾创造条件。

三、灭火的四大基本方法

根据燃烧原理和灭火实践，灭火的基本方法有四种，主要是窒息灭火法、冷却灭火法、隔离灭火法、化学抑制灭火法。各种灭火方法各有其特点，它们的效能是相辅相成的，在实际灭火中，应该根据火灾的特点，具体分析，采取相应的灭火方法。一般是两种或三种方法相互结合进行。其中，冷却灭火法是最常用的方法。

1. 窒息灭火法

窒息灭火法是使燃烧物质隔断氧的助燃而使或熄灭的方法。该方法适用于扑救封闭房间、容器或生产设备内的火灾。例如，可以用石棉被、湿棉被、湿帆布等不燃或难燃材料覆盖燃烧物或封闭孔洞，使燃烧物断绝或缺少氧气而使燃烧中止。

2. 冷却灭火法

冷却灭火法是将灭火剂直接喷洒在燃烧着的物体上，将可燃物质的温度降到燃点以下，以终止燃烧的方法。它是扑救火灾最常用的方法。冷却灭火法以二氧化碳作灭火剂效果更好，固化的二氧化碳从灭火机喷出后迅速汽化，可以吸收大量的热量，从而降低燃烧区域的温度，达到灭火的目的。

3. 隔离灭火法

隔离灭火法就是将燃烧物体与附近的可燃物质隔离或疏散开，使燃烧停止。该方法适用于扑救各种固体、液体、气体火灾。采用隔离灭火法的具体措施有：将火焰周围的可燃、易燃易爆和助燃物质，从燃烧区域内转移到安全的地点；关闭阀门，阻止气体、液体流入燃烧区；排除生产装置、设备容器内的可燃气体或液体；设法阻拦疏散的易燃、可燃液体或扩散的可燃气体；拆除与火源相毗连的易燃建筑结构，形成防止火势蔓延的空间地带；以及用水流封闭或用爆炸等方法扑救稳定性火炬型火灾。

4. 化学抑制法

化学抑制法是近年迅速发展起来的一种新型灭火技术。新的燃烧理论认为，燃烧是由某些活性基因维持的连锁反应。化学抑制法灭火就是向火焰喷射化学灭火剂，借助于化学灭火剂的被破坏、抑制活性基因的产生和存在，以阻止燃烧的连锁反应，使燃烧停止，从而达到灭火的目的。干粉、"1211"等就属于参与燃烧过程中断燃烧连锁反应的灭火剂。

四、灭火器的使用

灭火器是由筒体、器头、喷嘴等部件组成，借助驱动压力可以将所充装的灭火剂喷出，达到灭火的目的。灭火器由于结构简单、操作方便、轻便灵活、使用广泛，是扑救各类初期火灾的重要消防器材。

1. 二氧化碳灭火器

二氧化碳灭火器利用其内部的液态二氧化碳的蒸汽压将二氧化碳喷出灭火。二氧化碳灭火器按照其重装量分，有 2kg、3kg、5kg、7kg 四种手提式的规格和 20kg、25kg 等两种推车式规格。

其使用方法是：将灭火器提到起火地点，在距离燃烧物 5m 处，将喷嘴对准火源，打开开关，即可进行灭火。如果使用鸭嘴式二氧化碳灭火器，应该先拔下保险销，一手握紧喇叭口根部，另一只手将启闭阀压把压下；如果使用手轮式二氧化碳灭火器，应该向左旋转手轮。

使用二氧化碳灭火器不能直接用手抓住喇叭口外壁或金属连接管，防止手被冻伤。在室外使用时，应选择上风方向喷射；室内窄小空间使用时，使用者在灭火后应迅速离开，防止窒息。

2. 干粉灭火器

干粉灭火器是指充装干粉灭火剂的灭火器。

干粉灭火器有手提式、推车式和背负式三类。

使用手提式干粉灭火器时，应该先将灭火器颠倒数次，以使筒内干粉松动。然后拔下保险销，一只手握住喷嘴，另一只手将开启把用力按下，干粉就会从喷嘴喷射出来。

使用推车式干粉灭火器时，一般由两人操作。其中一人将灭火器放好，拔出开启结构上的保险销，迅速打开钢瓶阀门；另一人迅速放下喷枪，展开喷射软管，一只手握住喷枪枪管，另一只手用力钩住扳机，将干粉喷射到火焰根部灭火。

3. 泡沫灭火器

泡沫灭火器指灭火器内充装的灭火药剂为泡沫灭

火剂。泡沫灭火器可以分为化学泡沫灭火器和空气泡沫灭火器。目前，化学泡沫灭火器已经被淘汰。

使用泡沫灭火器时，应该将灭火器提至距着火点6m左右的地方，然后按下保险销，一手握住喷枪，另一只手握住开启压把，将压把按下，刺穿储气瓶密封片，泡沫混合液在二氧化碳的压力下，从喷嘴喷出与空气混合，产生泡沫覆盖燃烧物。

第二节 油库、加油站火灾扑救的方法

一、电气设备火灾扑救方法

电气设备火灾是由于电气设备过热、漏电、短路、过负荷运行、绝缘破坏等产生火花、电弧等引起火灾或爆炸。

（1）切忌使用泡沫灭火器、喷射水流等导电灭火剂对带电设备进行灭火。

（2）必须使用水枪带电灭火时，扑救人员应该穿绝缘靴、戴绝缘手套并将水枪喷嘴接地。

（3）可以使用干粉、"1211"或二氧化碳等灭火器进行扑救。

（4）配电间起火，现场员工应马上关掉总电源，用二氧化碳（或干粉）灭火器进行扑救。

（5）当无法切断电源时，应在确保人员不触电的情况下用、二氧化碳（或干粉）等灭火器直接向闸刀、开关、电线上的火源喷射灭火剂，创造条件，尽快切断电源，然后全面灭火。

（6）在自身灭火力量不足的情况下，应迅速向"119"报警。

二、油船火灾扑救方法

油船火灾大致可分为初期火灾、大面积火灾和水上大面积火灾几种，分别有以下几种方法应对。

1. 初期火灾扑救方法

油船的初期火灾，主要指舱口处燃烧，可以利用石棉被和其他覆盖物，将舱口盖严或采用舱口盖，将舱口盖严，隔绝油舱内的油品蒸气与空气接触，使其因窒息而灭。

2. 大面积火灾扑救方法

如果油船发生大面积的火灾，首先应该切断电源与输油管道。采用船上的自保灭火设备扑灭火灾。如果自保灭火设备损坏的话，可以采用移动灭火设备进行扑救。同时对甲板应该进行不间断的冷却，以及邻近不能驶离的船舶和建、构筑物进行可靠的防卫。

3. 水面上大面积火灾扑救方法

油比水轻，油品在水面上扩展燃烧，其危害性非常大。流散油品随着水流向下游移动，严重地威胁下游船只、建筑物和水上构筑物。

对水面上的油品火灾，应该先采取阻止油品到处漂流的措施，将油品围截到靠近岸边的地方，然后用干粉或泡沫扑灭火焰。

三、人身上的油品火灾扑救方法

如果人身上沾染油品着了火，具体来说，有如下方法。

（1）当人的身上沾上油火时，如果衣服可以撕脱下来，就尽可能迅速地脱下衣服，将其或浸入水中，或用脚踩灭，或用灭火器、水扑灭。

（2）如果衣服来不及脱，可以就地打滚，使火窒息灭掉。如果周围有河渠或水池时，可迅速跳入浅水中。但是，如果烧伤过重则不能跳入水中，因为这个时候容易感染细菌。

（3）切忌用灭火器直接向人身上喷射，以免扩大伤势。

（4）切忌跑，因为，人一跑，着火的衣服就会得到充足的新鲜空气，火就会猛烈地燃烧起来，另一方面，如果人跑，势必会将火种带到其他的地方，有可能扩大火灾。

四、汽车油罐车火灾扑救方法

汽车油罐车起火的时候，应该先将汽车油罐车开到安全地带，再进行有效地扑救工作。

（1）如果是装卸油品时罐口着火，可以首先用石棉被等将罐口盖紧，还可以使用随车携带的灭火器对准罐口喷射，将油火扑灭。

（2）如果是汽车油罐车在行驶途中着火，驾驶员无法将其扑灭时，应该尽力将车辆靠右停下，立即打电话联系或阻拦公路上行驶的汽车，向消防机关报警。

（3）如果油罐因高温变形而出现裂缝，使罐内油品外流时，应该利用罐车附近的排水沟或挖沟，让油品流入沟内燃烧，控制火势，防止蔓延。

总之，汽车油罐车不管在什么情况下发生火灾，驾驶员都要认真处理善后工作，把残留在地面上、排水沟内的油品收集起来，或用土掩埋，不能草率处理，以避免油水重新燃烧。

五、加油站火灾扑救方法

加油站来往车辆频繁，无论是加油和维修作业，还是卸油作业和站内管理等都容易发生火灾，所以，应该因地制宜，把火灾消灭在初级阶段。

（1）如果车辆的油箱口着火，可以脱下衣服或用其他适当物品将油箱口堵严，使火窒息。

（2）如果是摩托车发动机着火，应该立即停止加油，先设法将油箱盖盖上，然后再用水浇灭或用灭火器扑灭。

（3）如果是加油机操作室内着火，应该停止加油、切断电源、关闭油罐闸阀。加油车辆立即驶离加油站，迅速用灭火器扑救。

总的来说，油库、加油站火灾各有特点，因此灭火的方法也不尽相同。所以，油品计量工应该根据所发生火灾的特点，在常规灭火方法的基础上，辅之以其他相应的方法，只有这样，才能够有效地将火灾扑灭，保障我们的生命和财产安全。

第三节　油品储运过程中的应急预案

一、油品储运静电应急预案

油品在储运过程中，在防止和消除静电的应急预案上，主要注意如下两点：

1. 消除静电危害

通常情况下，消除静电危害主要可运用如下六种途径：

（1）日常工作中，减少静电产生的几率。

（2）采取积极措施，防止足够能量静电放电。

（3）采取积极措施，防止爆炸性混合气体的形成。

（4）设法导走火中和产生的电荷，使其不能积聚。

（5）创造条件加速静电泄露或中和。

（6）控制油品储输工艺过程，限制静电产生。

其中，后两项是最重要的两种途径。

2. 消除静电危害的种常用方法

1）工艺控制法

工艺控制法是指从油品储运工艺上采取相应的措

施，以限制和避免静电的产生和积聚。主要包含以下小方法：

（1）消除产生静电的附加源。

所谓消除产生静电的附加源，主要指下属三情况：

①石油产品含水或不同油品相混并通入压缩空气时静电发生的可能性将增大，因此石油产品在输转、储存及运输中要避免油与水、空气混合以及不同油品相混合。

②要用导静电绳进行油品采样作业，使用时采样绳末端要与罐体做可靠接地。

③油罐或者管道内混有杂志时会产生较多的静电，因此要注意清除油罐和管道内的杂质。

（2）限制加油的方式。

为避免油品在容器内喷溅和冲击，装油的时候应该将鹤管插入容器的底部。鹤管口在没有被油品浸没前，油品流速只能限制在 1 以下，鹤管口再按一定流速灌装。

（3）控制油品的流速。

油在管道中流动所产生的静电量与油品流速的二次方成正比，所以控制油品流速是减少其静电电荷产生的一个有效的方法。

（4）油品计量作业要求。

储罐测量口必须装有铜（铝）测量护板。当进行测油高、油温、采样作业时，钢卷尺、测温盒绳、采样器绳进入油罐时必须紧贴板下落和上提，其上提速度不大于 0.5，下落速度不大于 1。

（5）油品静置时间。

储油容器装油完毕后，必须静置一段时间后才能进行人工计量检测。

2）静电中和法

消静电器是直接消除流动油品内电荷的器件，它安装在管道的末端。消静电器不断地向管中注入与油品电荷极性相反的电荷而达到中和油品电荷的目的。

3）静电泄露法

静电泄露法在应用过程中，主要有以下小方法：

（1）投放抗静电剂法。抗静电剂也叫抗静电添加剂，当加入微量的这种添加剂时，可以成倍地增加油品的电导率，使其电荷得不到积聚。

（2）"接地、跨接"法。接地是消除静电危害最简单、最常用的方法。静电接地是指将油品储输设备通过金属导线和接地体与大地连通，与大地形成等电位，并有最小的电阻值。跨接是指将金属设备及管道间用金属导线相连接，以形成等电位。接地和跨接的主要目的在于人为使设备与大地形成一个等电位体，不致因静电电位形成火花放电而引发灾害。

二、油品储运雷击应急预案

雷电是自然界中常见的一种特殊静电放电现象，它在短时间内放出巨大的能量。如果油品储运过程中的易燃易爆场所遭受雷击，就极易造成火灾等事故。所以，提前了解一下油品储运雷击应急预案对油品计量工来说是十分重要的。

1. 加油站防雷措施

（1）加油站房屋和罩棚应采用避雷带保护。

（2）进入室内爆炸危险场所的金属管线，当室外部分未埋地或埋地长度不足 50m 时，除了应在金属管线进入室内点做一处接地外，还应在室外 100m 以内再做一处接地。

（3）地下油罐的罐体及量油孔、阻火器、呼吸阀等金属附件应进行电位连接并接地。

（4）加油站地上或管沟敷设的输油管线的始端、末端应设防静电和防感应雷的接地装置。

（5）加油站的钢油罐必须进行防雷措施。

2. 装卸油品设施防雷

（1）装卸油品设施中鹤管、钢轨、栈桥、输油管线等都应做跨接和接地处理。

（2）装卸油品区内有低压配电系统时，其变电所应有防直击雷措施，可采用避雷针或应用变电所自身避雷带等，其保护范围和接地线数量可按相应防雷要求设置。

（3）当装卸油品区内有消防泵房时，其消防泵房也应参照有关防雷要求制订防直击雷、防感应雷和防雷电波侵入等措施。

（4）与鹤管、集油管等连接的金属管线应在适当位置安装绝缘法兰，绝缘法兰两侧的金属管线分别接地，且两接地点的间距应大于5m。

（5）装卸油品区内的电源线、信号线等应穿入金属管并进行接地处理。

3. 油罐区防雷

（1）浮顶油罐可不装设避雷针（线），但应将浮盘与罐体用两根软铜绞线做紧密电位连接。

（2）油罐防雷接地线上应设有断接卡。接地断接卡必须设在明处，不得埋入水泥中或地下。断接卡距地面高度应在0.3～0.8m之间。

（3）灌区内的法兰、阀门的连接处应设金属跨接线。

（4）油罐应做环形防雷接地，其接地不应少于两处。此种油罐当顶板厚度大于4mm时，可不装设避雷针（线）；当顶板厚度小于4mm时，应装设避雷针（线）。避雷针（线）的保护范围应包括整个油罐。

（5）地上固定顶钢油罐必须安装阻火器。

三、油品储运散电流应急预案

杂散电流是指不按照规则的电流通路流动的电流。杂散电流流经的通路可能是大地或是与大地接触的管道及其他金属物体和构筑物。杂散电流可以是连续的，也可以是间断的，可以是直流的，也可以是交流的。它通常会分布在许多它可以利用的并联线路上，其分布量与各线路得电阻成反比。

杂散电流的存在能引起火灾爆炸事故，还能加速油库设备的电化学腐蚀速度，造成设备腐蚀、穿孔、漏油等事故。

防止杂散电流引燃引爆的措施有以下几种。

1. 绝缘隔离

根据油库情况，将其分为几个区域。在管道、铁路专用线等进库处和各区域间装设绝缘装置。管道课装绝缘法兰，轨道可用绝缘轨缝，以防止杂散电流流入油库内及各区之间相互传导。

2. 跨接和接地

跨接和接地除对防雷电、静电有很好的作用外，同时它对防止杂散电流产生电弧火花也很有作用。

3. 电气化铁路引起杂散电流危害防护措施

（1）由于铁路专用线钢轨传导电流产生的电位与鹤管等油库设施中电位形成电位差，当彼此接触时可能产生火花。为消除这个电位差，防止火花产生可能引发的火灾爆炸事故，必须将钢轨、鹤管、输油（含集油管）、栈桥等油库设施进行可靠的电位连接，在钢轨与鹤管间设均压带和均匀接地极，均压带专用接地极应不少于两处。

（2）在进入油库的电气化铁路专用线接触网上设置两道高压隔离开关。此开关在电力机车进库取送罐车时接通，平时断开。

（3）由于铁路装卸作业区产生火花主要是由专用线钢轨传导电流产生电位差引起，所以在进入油库的电气化铁路专用线钢轨处设置两组绝缘轨缝，并安装可靠接地的回流开关和回流开关控制装置。当电力机车取送罐车时，将回流开关接通而此时钢轨的绝缘轨缝也同时接通；平时断开绝缘轨缝的连接，即断开回流开关。这样既可保证机车取送罐车时接通接触网、机车、钢轨的电气回路，又可防止非取送罐车时钢轨电流流入铁路卸油作业区。

四、电气设备应急预案

油品储运电气设备安全技术主要是绝缘防护、接地接零保护、电气设备安全装置技术等。

1. 绝缘防护

电气设备和其线路都是由导电部分和绝缘部分组成的。绝缘防护是保证设备和线路正常运行的必要条件，也是防止触电事故的重要措施之一。通常情况下，电压越高，对绝缘材料的要求也越高。绝缘材料的主要问题是老化问题。各种绝缘材料都有一个极限的耐热温度，如超过这个极限值，绝缘老化就会加剧，寿命缩短。

1）绝缘指标

电气设备和电工材料的绝缘指标是指在不同的电压、温度和湿度等条件下，绝缘体所具有的绝缘电阻值。

油品储运爆炸危险场所使用的电气设备带电体与设备外壳间的绝缘电阻不应小于 $1M\Omega$。

2）屏障防护

在不便于将带电体包以绝缘外层或带电外层虽然有绝缘但仍不足以确保安全的场合，可用栅栏、护罩、护盖和箱匣等将带电体隔离开来。安装在室内或室外地面上的变、配电设备均应做屏障防护。由于屏障装置不直接与带电体连接，因此对材料无严格要求，但所用材料应有足够的机械强度和耐火能力。

3）间距

油库配电室内配电屏前后的间距应按相关要求设置。

2. 接地接零保护

1）电气设备的保护接零

保护接零就是在正常情况下将电气设备不带电的金属壳体部分与供电系统的领衔做电位连接。

电气设备外壳保护接零后，若因某种故障造成设备整体带电时，由于零线的阻抗与大地电阻、人体电阻相比是极小的，所以此时电流很大，通常比额定电流大几倍甚至几十倍。这样，就能使线路上的保护装置迅速动作，从而切断故障电路的电源，避免触电或电火花事故。

2）重复接地

重复接地是指在采用接零保护的情况下，在零线上进行一处或多处重复接地。

重复接地的主要作用如下：

（1）当发生短路故障时，重复接地与工作接地构成零线的并联分支能加大短路电流，从而迫使设置在电气线路上的保护装置更快动作，切断故障电路。

（2）当发生零线断开事故时，可以减轻故障的危害程度。

3. 电气设备安全装置

电气设备安全装置主要有漏电保护装置、电气设备安全联锁装置和信号报警装置等。

1) 漏电保护装置

漏电保护装置是通过其检验机构取得设备漏电异常信号，经中间机构转换和传递，促使执行机构动作、断开电源的一种装置。

漏电保护装置可分三种：

（1）电压型漏电保护装置；

（2）电流型漏电保护装置；

（3）泄漏电流型漏电保护装置。

2) 联锁装置

某装置的动作取决于另一装置的动作，则称另一装置对该装置联锁，它们统称为联锁装置。以安全为目的的电气设备联锁装置称为电气安全联锁装置。电气安全联锁装置可设于设备本身，也可设于各设备之间或附着在其他设备上。按用途它可分为以下四种：

（1）以防止人体直接接触或接近带电体等事故为目的的防止触电事故联锁装置，如变电所的防误操作联锁装置；

（2）以排除短路、过载等故障为目的的排除电路故障联锁装置；

（3）以通过自动控制达到安全供电为目的，执行安全操作程序的联锁装置，如电焊机空载自停装置等；

（4）借助电气安全联锁装置防止机械伤害、爆炸等非电气设备事故的联锁装置，如防止爆炸性气体混合物或化学有害物质曾加到危险值时的电气联锁装置等。

3) 信号报警装置

当故障发生时，信号报警装置发出光、电、音响等信号警告，指示事故性质和自动装置的动作情况，以便及时采取安全措施，消除危险。

参 考 文 献

[1] 曾强鑫. 油品计量员培训教程. 北京: 中国石化出版社, 2005

[2] 肖素琴. 成品油计量员读本. 北京: 中国石化出版社, 2006

[3] 曾强鑫. 油品计量基础. 北京: 中国石化出版社, 2003

[4] 唐炳祥, 陈智勇, 王丰. 油库管理实务. 北京: 中国物资出版社, 2005

[5] 樊宝德, 朱焕勤. 油库计量员——21世纪油库员工岗位培训系列读本. 北京: 中国石化出版社, 2006

[6] 中国石油天然气集团公司职业技能鉴定指导中心. 油品计量工. 北京: 中国石油大学出版社, 2008

[7] 中国石油天然气集团公司安全环保部. 油库员工安全手册. 北京: 石油工业出版社, 2008

[8] 范继义. 油库加油站安全技术与管理. 北京: 中国石化出版社, 2005

[9] 樊宝德, 朱焕勤. 油库消防员. 北京: 中国石化出版社, 2006

[10] 王孚智, 窦保元, 胡元辉. 员工自我防护必读. 北京: 中国石化出版社, 2005

[11] 马洪艳, 马玉杰. 油品安全. 哈尔滨: 哈尔滨地图出版社, 2008

[12] 中国石油化工集团公司职业技能鉴定指导中心. 油品分析工. 北京: 中国石化出版社, 2008

[13] 王宝仁. 油品分析. 北京: 高等教育出版社, 2007

[14] 中国石油天然气集团公司安全环保部. 中国石油天然气集团公司反违章禁令学习手册. 北京: 石油工业出版社, 2008

[15] 范继义. 加油站百例事故分析. 北京: 中国石化出版社, 2007

[16] 郭建新, 徐福斌. 加油站安全与设备知识问答. 北京:

中国石化出版社，2006

[17] 晨红雨．加油站经营与管理．北京：中国石化出版社，1997

[18] 熊云，秦敏，刘晓．加油员油品知识．北京：中国石化出版社，2005

[19] 周养群．中国油品及石油精细化学品手册．北京：化学工业出版社，2000

[20] 金山．石油计量．北京：中国计量出版社，2005

跋

这一套口袋书，以图文并茂、简单易懂的方式，详细介绍了加油站操作、油品计量、油品分析、油品储运调和四个工种的具体操作程序、工作方法和基本要求，深入浅出，操作性强，是一线操作人员培训和日常学习的综合性资料，很实用，很有意义。

在销售业务发展历程中，始终把人才作为第一资源，把员工培训作为重要的基础工作，持续加强队伍建设，基本形成了包括集中培训、轮训、岗位练兵、技术比武、技能鉴定等形式多样、针对性强的培训体系，培养了一支热爱石油、忠诚企业、技能精湛、作风过硬的员工队伍，为销售业务的持续有效快速发展提供了智力和人才支撑。

培训是一项重要的人力资源投资，同时也是一种有效的激励方式。当前，培训就是机遇、培训就是待遇、培训就是福利、培训就是激励已经成了各大企业的普遍共识，制度化、经常化的培训也成了企业发掘人力资源潜力的重要手段。我们建设国际水准销售企业，就要建立与之相匹配的培训体系，强化操作人才也是企业重要人才的理念，把技能人才队伍建设作为"人才强企"战略的重点，尊重、重视、关心技能人才，不断提高技能人才的地位和待遇，在企业中形成崇尚技能、尊重一线的浓厚氛围，努力建设一支规模适宜、结构合理、爱岗敬业、素质过硬、执行力强、适应企业发展需要的一线队伍，保证企业战略目标的实现。

希望各单位能把培训作为企业的战略投资，以增强业务技能和提高执行力为核心，建立培养体系完善、考评制度科学、激励措施健全的操作人员培训工作机制，形成有利于技能人才成长和发挥作用的良好氛围，带动整个操作技能队伍不断提高素质，创造更好的业绩。

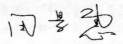

后　　记

　　《油品销售员工岗位知识读本》在中国石油销售公司和石油工业出版社的共同努力下，终于呈现在读者的面前。这套《知识读本》，是贯彻落实集团公司组织开展的"千万图书进基层、百万员工品书香"活动精神，按照《中国石油天然气集团公司操作和服务人员培训管理办法》、《中国石油天然气集团公司"十一五"员工教育培训规划纲要》和石油石化行业职业技能鉴定的要求编写出版的。

　　这套书的编写出版，凝聚了很多同志的智慧和心血。销售公司上官建新副总经理多次主持召开编审会议，研讨具体工作；阮晓刚、李金国、杨峰亭、赵剑春、窦宝文、张维群、陶辉、孙玉福、张晓燕、孙春梅、顾惠明、冯涛、曹斌、王晓华、刘洋、余从劲、张瑞霞、刘立超、张一凡、王兰静、罗婷、李至琳、文放、李克峰和洪亮等同志参与了本书的编审工作。

　　编写出版过程中，力求简洁易懂，便于携带，即学即用。期待这套书为加强销售企业基层建设、提高基层员工素质发挥积极作用。

　　书中若有不妥之处，恳请读者批评指正。